パワーエレクトロニクス
－基礎から応用－

編著
高木 浩一
南谷 靖史

共著
阿部 晃大
石山 俊彦
上野 崇寿
川合 勇輔
菊池 祐介
民田太一郎
真島 隆司
向川 政治

理工図書

まえがき

　本書は理工学分野に携わる大学や工業高等専門学校の学生，高電圧に携わる技術者がパワーエレクトロニクスの基礎知識を得るための入門書として執筆された。本書で講義を行う先生方や受講する学生の利便性に配慮して，本書は大学や高専の講義と対応するように 13 章立てとした。1 回の講義が章 1 つに対応する。独学では 2 時間で章 1 つを学ぶイメージである。パワーエレクトロニクスの諸動作の記載は，関連する基礎科目の諸法則との関係にも触れて，専門基礎から発展的に学習ができるようにした。またパワーエレクトロニクスを利用した回路の動作について，これらの動作を説明するモデルが理解できるように，数式と説明文の双方で記述した。パワーエレクトロニクスを利用した産業機器を学ぶ章では，実物を見たことがない人でもその用途と原理およびそれらの発展の歴史を容易に理解できるよう，イラスト，写真，年表などを掲載している。理解度の確認やアクティブラーニングが可能なように，例題や演習，発展的学習も入れた。演習問題の解説においては，答えの導出過程も記述している。

　我々は電気で動く家電などの機器に囲まれて生活している。その多くにはパワーエレクトロニクスの技術が使われている。パワーエレクトロニクスの技術なしでは，明かりが欲しくても LED など多くの照明器具は使えなくなる。また，調理をしたくても電子レンジや電磁調理器が，暖房や冷房にエアコンが，交通では電気自動車やハイブリッドカーや電車などが，通信したくてもスマホの充電が，さらにパソコンを動かすことができなくなる。

　電気エネルギーは他のエネルギーに比べて変換性に秀でている。エネルギー変換機器で，容易に光，熱，運動，化学など様々な形のエネルギーに短い時間で変えられる。このため我々の社会は電気をエネルギーインフラの中心に据えている。パワーエレクトロニクス技術は電気エネルギーインフラに欠かせない技術であり，電気の電圧変換，周波数変換，交流・直流変換など様々な段階で使われている。再生可能エネルギーである太陽光発電や風力発電は，パワーエ

レクトロニクスを利用した電気エネルギー変換が組み合わされることで，商用周波数の交流電力として活用できる。パワーエレクトロニクスの技術なしに低損失のエネルギー変換を実現するのは極めて困難であり，現代の我々の高度社会を下支えしていることが理解できる。今後は，Society 5.0（ソサエティ 5.0）に象徴されるサイバー空間（仮想空間）とフィジカル空間（現実空間）を高度に融合させたシステムが進む社会へ移行していくとともに，パワーエレクトロニクスのデジタル化を進める動きは加速することとなる。パワーエレクトロニクス技術の利用は家電，通信，電気インフラだけではない。高電圧や特殊な繰り返し波形の電気を利用する多くの産業機器にも使われる。医療分野ではレントゲン検査で用いられる X 線装置やがん治療に用いられる荷電粒子の加速器もパワーエレクトロニクスが作り出す高電圧で動かされている。将来の交通として船舶や飛行機のハイブリッドエンジンの開発が進められており，これらにおいてもパワーエレクトロニクスによるエネルギー変換がコア技術の 1 つと位置づけられている。このようにパワーエレクトロニクスを学ぶと，我々の社会を支えるパワーエレクトロニクスの仕組みだけでなく，それらを使った機器およびシステムについて学ぶことができ，電気エネルギーインフラ，パワーエレクトロニクスを利用した産業機器，パワーエレクトロニクスで発生する波形の工学的な取り扱いなど多くのことが理解できるようになる。

　本書で学ぶことで本分野への興味が高まり，また得た知識やスキルがこれからの時代，社会を切り開き生き抜く力の一助となれば筆者等の望外な喜びである。

著者一同

目　次

5章　パワーエレクトロニクス用半導体デバイス ………… 79

6章　直流‒直流変換（チョッパ回路）……………………… 93

1章 パワーエレクトロニクスの概要

　「これからも世の中を変えていく，我々の生活に深く密着している技術とは」，と聞かれたらあなたはどのように答えるだろうか。過去の映画や小説の中において，未来に実現したらどんなにすばらしいだろうとの思いを込めて，宇宙船や地球上をタイヤ無しで動き回る乗り物や，腕時計で乗り物やロボットに命令を出したり通信したりする様子を描かれてきた。これらの実現に大きく貢献している技術の1つが，『パワーエレクトロニクス技術』といえる。例えば，ロボットというものを少し掘り下げた場合には，AI（人工知能）の技術や手や足をどのように動物に近いように動かすのかという制御系技術が必要で，柱の1つとなっている。それらを実装し実現する際に必要となるものがパワーエレクトロニクスである。この1章ではまず，日常生活でなかなか気がつく事のできない，将来性のある技術を体感してほしい。更に本書を読みすすめると，あなたも世界を変えることのできる技術への理解が深まるだろう。世界の様々な分野における技術を一緒にパワエレエンジニアとしてイノベートしていこうではないか。

1.1　暮らしの中のパワーエレクトロニクス

　パワーエレクトロニクスとは，1973年に William. E. Newell によって図1–1のように定義づけられた[1]。それはエレクトロニクス，電力と制御の3つの分野の境界領域に存在する技術であるというものである。その歴史の詳細は1.3にて説明する。

　パワーエレクトロニクスは世に出てから，我々の暮らしに不可欠な技術となっている。また，その多大なる恩恵を我々は日々享受している。本書を手にした方々は，上記の『W. E. Newell』か『パワーエレクトロニクス』を検索エンジ

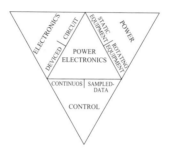

図 1–1　William. E. Newell によるパワーエレクトロニクス技術の定義[1]

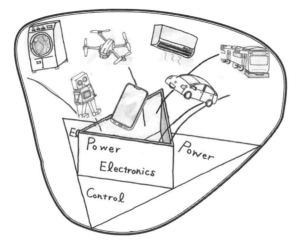

図 1–2　パワーエレクトロニクスと共創するイノベーション

ンによって調べたかも知れない。その際に使用したスマートフォンは，動力と
なる電力を，内蔵されている蓄電素子へ供給するための電源，第 5 世代（5 G）
となった通信用電波の受発信回路や様々な回路に使用しているにもかかわらず
手のひらサイズに収まっている。まさにこれこそパワーエレクトロニクス技術
進化がもたらした文明の利器といえる。更に通信技術が 6 G，7 G と発展し続
けるためには，パワーエレクトロニクス技術の発展（**図 1–2**）が必須となる。

　それでは，スマートフォンを充電するために，何気なく使用している USB 電源アダプタに搭載されている技術の概略を紹介する。そこには小型軽量化のために 50 kHz を超えて動作する高周波スイッチング電源技術が使用されている。これは，交流電力を直流電力へ変換するために用いるコンバータといわれる電気機器や，使用する負荷を制御するために直流電力を交流電力に変換するインバータといわれる電気機器に適用されている技術である。そのスイッチング電源技術で最も利用されてきたものの 1 つがパルス幅変調（pulse width modulation：PWM）という技術である。そのスイッチング速度と制御応答性を決定するキャリア周波数は長い間 20 kHz 以下（パルス幅は 50 μs 以下）が使用されてきたが，それを超える高い周波数がスマートフォン用 AC アダプタには使用されている。高い周波数を取り扱う方が高度な技術を搭載する必要があるため難しいとされる。

　更に特徴的なパワーエレクトロニクス技術の適用は，この USB 電源アダプタの基本仕様にある。入力電圧は 240 Vac までを許容し，出力電圧は 5 Vdc という低電圧が出力できる回路となっている。電気回路の基本だが，240 Vac の交流を直流へ変換した場合（単純平滑した場合）は，300 Vdc を超える電圧となることがわかる。その 300 Vdc を超える電圧から 5 Vdc まで 1/60 以下に降圧でき，同時にそのときの電流は 60 倍にもなる技術，それが高々 2.5 cm × 2.5 cm × 3 cm の直方体に人知れず組み込まれていることはなんとも興味深いものであり，パワーエレクトロニクス技術の進化を感じられる身近な事例である。

　その USB 電源アダプタの代表的なブロック図を図 1–3 に示す。この技術は，コンピュータやゲーム機器などでも幅広く使用されており，その製品サプライヤーにより技術や品質レベルは大きく異なっている。スマートフォン以外にパワーエレクトロニクスが使用されているものは，エアーコンディショナ（エアコン），空気清浄機に始まり暗闇でも我々に光を与えてくれる蛍光灯や LED 照明，簡単に短時間でお湯ができる電気ポット，調理を身近にしてくれている電

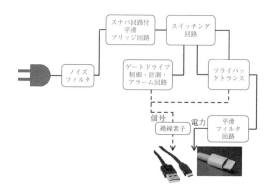

図 1–3　USB 電源アダプタ ブロック図

子レンジや電磁調理器，毎日使用する電動歯ブラシ機，美容機器の多機能ドラ
イヤーや美顔器，いつの間にか普及している電動アシスト自転車を実現させた
のもこの技術によるものである。各家庭が 1 台以上所有しているであろう掃除
機の中でも高速回転する機器には，素子や集積回路および制御ソフトウェアの
進化とともに，100 kHz を超えるキャリア周波数が適用されて始めている。次
章以降で，これらの技術について学んでもらうが，電気を入り切り（ON/OFF
する）して制御するスイッチング技術は，とても重要で複雑なものである。そ
れゆえ，適正に使用することにより，高効率すなわち発熱や騒音が少なく，高
安定すなわちノイズや変動が少ない良質な電源を，小型かつ軽量で実現させる
ことが可能となる。

　このように，我々の生活が電気エネルギーを使用する限りにおいて，既にパ
ワーエレクトロニクス技術なしには成り立たないといえる。そんななかで，自
動車・移動体の業界では 100 年に 1 度の大変革である技術改革が，電動化の流
れである。

図 1-4　1879 年独シーメンスによる
　　　　電車デモ走行（ベルリン工業
　　　　博にて）

図 1-5　1900 年独 Lohner-Porche 車
　　　　パリ万博にて（インホイール
　　　　モータによく似たモータ構造）

　本書が発行される 2023 年時点では，HV（hybrid vehicle），EV（electric vehicle），FCV（fuel cell vehicle）という略号で称される電動化された自動車が，日本を含むモータリゼーションが浸透した国々で，従来の化石燃料を燃焼させるエンジンを搭載した自動車と一緒に，道路を走行している状況になっている。電気をエネルギー源として走行する自動車が最新技術のように思われるかもしれない。しかし，自動車と位置付けられている乗り物の歴史は，蒸気機関を利用したものから始まり，次に発明されたものが電気動力の Horseless Carriage と呼ばれるもので，馬車の車輪上の位置に搭載されたエネルギー源となる鉛蓄電池から車輪を回すための直流ブラシモータへ電力を供給して走る電気自動車であった。この時期は産業革命の流れの中で工学的に革新的な発明が多くなされており，電動機，発電機，蓄電池が実用化されたことが発明の大きな理由となった。比較的現在の EV に近いものとなった最初の電車と車を図 1-4[2] と 1-5[2] に示す。その後に生じたエネルギー革新によって固体化石燃料の石炭から液体の石油に推移した際に，原油から生成されるガソリンを燃料として回転動力を得ることのできるエンジンの量産化に成功したヘンリー・フォードによって今の自動車の原型が作られることになった。これ以降自動車を電動化するムーブ

メントは，日本を中心に 3 回ほど起こっており，現在は 4 度目となるが，それ
が世界中に広がったものである[3]。これには，日本企業によって実用化された
リチウムイオン電池が大きな影響を与えた。残念ながら現時点におけるリチウ
ムイオン電池の製造量は，太陽光発電に使用する PV（photovoltaics）パネル
の製造量とともに日本製を見ることは少なくなってしまった。そして電動化し
た自動車を駆動させるインバータや磁石モータにも多くのパワーエレクトロニ
クス技術が用いられている。

　HV，EV，FCV の内部では，600 Vdc を超える電圧が用いられている。これ
は，比較的難しいとされる大型蓄電池を高電圧化し，そこに充電した電力を使
用して，可能な限り損失を減らして高効率な駆動系を構築するためである。こ
れら電源などの装置における電力効率低下の主原因である抵抗による損失 P_{loss}
は，回路に存在する抵抗成分の損失を R_{loss}，そこに流れる電量を I とすると，

$$P_{\mathrm{loss}} = R_{\mathrm{loss}} \cdot I^2 \tag{1.1}$$

となり電流の二乗に比例する。そのため，電流値と損失の抵抗成分とを小さく
することにより損失が減少し効率が向上する。同じ電力を使用する場合で高効
率化するために，高い電圧を使用する理由の 1 つである。

　技術革新は更に続き，スマートフォンに電気を供給する USB 電源アダプタ
を接続せずに，所定の場所に置いておくだけで充電できる機器もある。これは
ワイヤレス給電もしくは非接触給電といわれる技術であり，現在 HV や EV
という電動化された自動車の蓄電池を，走行しながら充電できるところにまで
開発が進められている。電動化された自動車は，自動運転という技術の展開を
もたらし，これまで便利さの半面で車社会が抱えてきた負の問題の 1 つであ
る交通事故をなくすための取組みへと発展している。移動する手段としては，
自動車以外に新幹線のような電車もある。電車は，自動車とは異なる発展の歴史を

もつ移動手段であり，この発展にもパワーエレクトロニクス技術が大きく関与し影響している。

18世紀の産業革命時にワットによって発明された蒸気機関を駆動動力として発展してきた大規模輸送の仕組みが鉄道と大型の船であった。当初は，前出の石炭などの固体化石燃料をエネルギー源として蒸気を発生させ動力を得ておりパワーエレクトロニクス技術とは無関係であった。その後のエネルギー革新で液体化石燃料をエネルギー源としたディーゼル機関という内燃機関が登場する。それと同時に電動化も速やかに進み，特に鉄道は内燃機関と電動化とが共存して発展した移動および輸送の仕組みといえる。欧州では他の地域に先立ち，このディーゼル機関が他方式の燃焼機関よりも高効率で出力が得られるため，鉄道だけにとどまらず産業機械や自動車へも展開された。ディーゼル機関は現在でも多くの大型バスやトラックの駆動源となっており，山岳部などの電力インフラを整えることが難しい地域の鉄道の駆動源としても共存し続けている。一方，鉄道の中でパワーエレクトロニクス技術が大きく関与して発展したものが，高速鉄道網である。日本国内やアジア圏では新幹線と呼び，欧州ではTGVなどとして知られている。これら高速鉄道では三相の誘導機が多く使用されるため，これを高速・大電力で駆動させるために不可欠な技術となっている。

1.2　パワーエレクトロニクスの目的：電力変換

パワーエレクトロニクスの目的は電力変換であり，大きく分けると直流–直流変換（DC/DC），直流–交流変換（DC/AC），交流–直流変換（AC/DC），交流–交流変換（AC/AC）の4つの変換がある。

パワーエレクトロニクス技術とは，電力を半導体素子と，CPU（central processing unit）の小型・高速および高集積化によるデジタル化技術を駆使することにより，効率よく電力利用できるようにすることである。パワーエレクトロニクス技術は，目に見えない電気エネルギーを取り扱う。そこで，理解するためによく使用されてきた手法がグラフを使用した波形で表現する方法であり，

本章ではそれによって説明を行う。その他には，ベクトル図などを使用することもあるが，ここではグラフにて説明を進める。

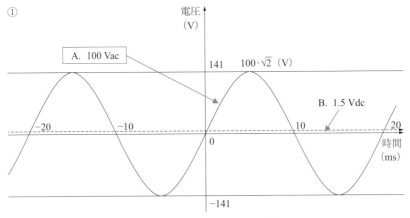

① A. 交流単相 100 Vac，50 Hz，B. 破線 1.5 Vdc

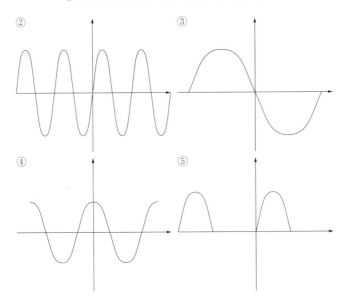

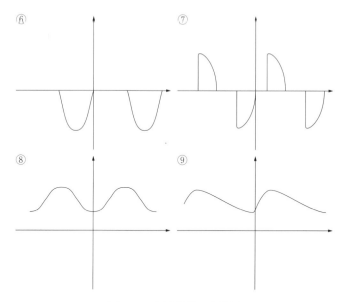

図 1–6　交流波形の変換例

　それでは，我々の周りにある比較的容易に得られる電源を探してみる。最も
身近にある電源は，コンセントから供給されている日本では主に $1\varphi 100$ Vac（単
相 100 V 交流）の電気である。この電圧 100 Vac をグラフで表すと**図 1–6** の A.
となり，乾電池の直流 1.5 Vdc が B. である。更に，② 以降に交流単相 100 Vac
の電圧波形を元に，様々に変換した後の電圧波形を示す。② のグラフは，周波
数を 50 Hz から 2 倍の 100 Hz へ変換した波形で，③ は，1/2 の 25 Hz にした
波形である。更に，④ は，位相を $90°$ 進ませた波形。⑤ は正の半波整流した
波形，⑥ は負の半波整流波形，⑦ は $90°$ 波形の発生を阻止した波形，⑧ と ⑨
は正方向に整流して平滑した波形である。ここで，波形が波を打ったようなグ
ラフになっているが，直流電圧を一定に平滑しようとした際に生じるこの波の
ことをリップル波形と呼ぶ。同じ 50 Hz のリップル波形であるが，電流の流れ
るタイミングと時間的長さが異なるため同じ電圧波形とはならない。

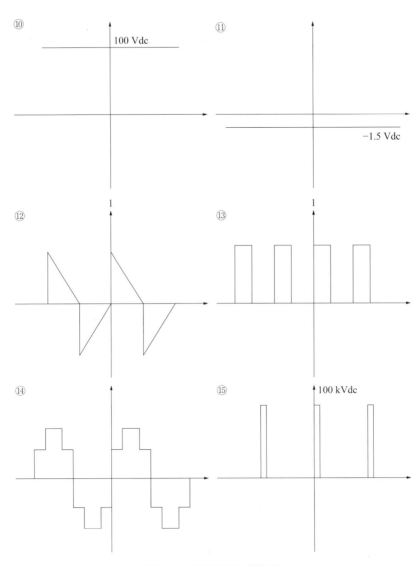

図 1–7　直流波形の変換例

　今度は，図1-6のB. 破線1.5Vdcを元に成型する。**図1-7**の⑩と⑪は，電圧値が100/1.5倍であるものと，同じ電圧値で負の波形である。⑫⑬に示す波形は図1.6のAと同じ周波数・波高値の三角波や方形波である。⑭は，パルス振幅変調（pulse amplitude mobulation：PAM）の波形，⑮は高電圧短パルス波形（100kVdc，数nsなど）の例である。

　このように電力変換を電圧波形だけを眺めても様々に成型できることがわかる。さらに⑩⑪のように一直線の同じ電圧波形でも，接続される負荷によって流れるタイミングや電流波形は異なる場合もある。

　パワーエレクトロニクス技術を用いることで負荷の電気的特性と整合できればどんな波形でも成型することが理論的には可能である。次章以降で具体的にどのように実現していくのかに関して，回路トポロジと制御方法などを説明する。

1.3　パワーエレクトロニクスの歴史

　パワーエレクトロニクス技術の進歩には，電力を制御するためのスイッチ素子，電子・電気回路技術，コンピュータのハードとソフトの発展と並行に行われてきたことはすでに述べているが，電子・電気回路技術の進歩には，それら回路動作を解析するツール（SPICE）の登場や設計し製造するまでを一貫して行えるようになったことも大きい。また，電子・電気回路とその制御を，ソフトウェア上でブロック化することで，多種多様に構成できるようになり，動作検証できるツールも今では主流となっている。

　次に，スイッチ素子に目を向ける。ニコラ・テスラにより提唱されWestinghouse社が最初の供給者となった交流電力であるが，社会実装するためには，その電力供給が制御不能に陥った際に，それによる影響を最低限にするために，電力供給源から遮断する必要があった。そのために開発されたのが，歴代のスイッチ素子であるが，それらを論じるために真空放電管から始まる水銀整流器と真空管およびその応用に関する開発の歴史を**表1-1**に示す。水銀整流器の発明は1882年にJuminとMeneuvrierとが水銀電弧の整流性を発見したことに

表 1–1　水銀整流器の研究・開発・量産　年表[5]

1. 胎動時代	
1650 年（慶応 3 年）	Guericke：真空ポンプの発明
1675 年（延宝 3 年）	Picard：真空放電の発見
1838 年（天保 9 年）	Geissler：真空放電管の炸裂
1882 年（明治 15 年）	Jemin, Meneuvrier：水銀電弧の整流性発見
1895 年（明治 28 年）	W. C. Rontgen：X 線の発見
1900 年（明治 33 年）	C. Hewitt：水銀整流器の発見
2. 揺籃時代	
1905 年（明治 38 年）	G. E 社，Westinghouse 社にて水銀整流器の作成
1911 年（明治 44 年）	Schafer：鉄製水銀整流器の製作
1913 年（大正 2 年）	Pensylvania 州（米）鉄道列車に水銀整流器を使用
3. 発展時代	
1920 年（大正 9 年）	日本国内　ラジオ放送開始
1924 年（大正 13 年）	芝浦，日立，Siemens 社　鉄製水銀整流器の製作
1931 年（昭和 6 年）	鉄道省　水銀整流器の採用
1940 年（昭和 15 年）	Hull：補給型熱陰極の発明
1940 年（昭和 15 年）	Dallenbach：希有ガス入ポンプなし整流器の製作

より始まり，1900 年頃に Hewitt により発明される。その約 5 年後に G.E 社と Westinghouse 社にて製作が開始される。また，真空管は，1904 年にフレミングにより低真空下における高温の熱電子放出用フィラメント陰極と，その電子を捕捉する陽板より構成される二極管を発明したことから始まる。引き続き 1906 年に発展型となる，陰極と陽極の間にらせん状格子電極を配置した三極管がド・フォレストにより発明された。このド・フォレストは更に応用研究を進め三極管を利用した増幅器や発振回路を発明した。これら真空管発明のきっかけとなった発見にエジソン効果があった。更に，エジソンにより見出されたチャイルド・ラングミュアにより，1914 年に高真空技術が開発され，これまで低真空で不安定な動作であった真空管が安定して動作するようになり，本格的な真空管の産業応用へ進んでいった。

　水銀整流器による国内にて最初に報告された半波整流動作に関し，**図 1–8** に回路例と**図 1–9** に波形を示す。

　この実験回路には日本電池（株）の Glaitor（**図 1–10**）が使用された。ここで示した姿写真は大容量化したものであり，現在のサイラトロンの構造を有し

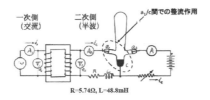

図 1-8　水銀整流器を用いた半波整流回路の例[6]

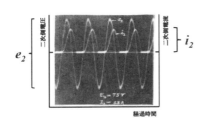

図 1-9　水銀整流器を用いた半波整流
回路による出力波形例[6]

図 1-10　日本電池社株式会社製の水銀
整流器（Glaitor）の姿写真

ている。軍事産業とラジオ放送などの発展とともに真空管は発展していき，パワーエレクトロニクス技術の基本となる電力スイッチングを行うデバイスとなる。図 1-9 に示す通り，セレン整流板，鉄もしくはアルミニウム板上に金属結晶 Se 膜を設けて，Cd などの対抗電極を蒸着した素子の発明により，半導体へとシフトしていくこととなる。

　そして，大電力を扱う整流器（ダイオード）やトランジスタ（GTO, IGBT, MOSFET）が開発されていき，真空管にとって代わっていくことになる。これらは後章にて説明する。

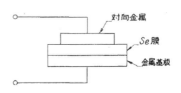

図 1-11　Se 整流板の構成[7]

演 習 問 題

　パワーエレクトロニクスが「家庭内で役立っているところ」,「産業で役立っているところ」を挙げよ

演 習 解 答

家庭

スマートフォン, USB 電源アダプタ, エアコン, 電子レンジ, 蛍光灯, IH コンロその他多数

産業

自動車, 電車, 飛行機, ロボット等

引用・参考文献

1) W. E. Newell 1973 IEEE Power Electronics Specialists Conference 11th–13th June 1973 @ Pasadena, CA, USA 'Power Electronics-Emerging from Limbo {Conference Keynote Address}

2) 小関隆章：キャパシタフォーラム大会講演会, '電気鉄道の電気供給とパワーマネージメント', 2015 年 5 月 15 日.

3) https://www.cev-pc.or.jp/kiso/history.html

4) 秦常造・久保俊彦：『水銀整流器』, 修教社, 1936.

5) 青木佐太郎：水銀整流器と放電管, 株式会社電気日本, 1946.

6) 後藤文雄：電解工業と水銀整流器. 九州帝国大学工学彙報, 福岡. Vol.11, No.7, pp.299–30., 1936.

7) 後藤文雄：水銀整流器の実験的研究. 九州帝国大学博士論文, 1935.

8) セレン整流器の我が国における発展過程と現在の諸問題：山口次郎,「材料試験 第 5 巻第 35 号」465–466, 昭和 31 年 8 月.

2章 パワーエレクトロニクスの 電気回路理論

パワーエレクトロニクスでは直流と交流が同一の回路に混在する。このため直流・交流回路理論を用いて解析する。更にパワーエレクトロニクス機器の出力する波形は矩形波やパルス幅変調（pulse width modulation：PWM）波形となる。これを交流理論で解析する場合，フーリエ変換などを用いて正弦波へ分解する必要がある。さらにスイッチングでオン（ON）とオフ（OFF）を切り替える際は過渡現象としての取り扱い，オンとオフの時間を定量的に扱うためのデューティ比（デューティファクタとも呼ぶ）などで表現する必要がある。そこで本章では，パワーエレクトロニクスの関係する回路現象を取り上げ，電気回路理論での取り扱いについて学ぶ。

2.1 スイッチングによる制御

2.1.1 オンとオフのスイッチング

パワーエレクトロニクスはスイッチをオンオフ（開閉）することが制御の基本となる。スイッチの開閉を繰り返すことによる制御をスイッチング（switching）と呼ぶ。スイッチングによって電力を調整する原理を**図 2–1** に示す。回路では直流電源 E と負荷抵抗 R の間にスイッチ S がある。このスイッチを繰り返しオンとオフにする。負荷抵抗の両端の電圧はスイッチがオンになると E になり，オフのときは 0 になる。負荷抵抗に印加される電圧の平均値は，スイッチがオンの状態の時間 T_{on} と，オフの状態の時間 T_{off} に応じて決まる。このとき，オン時間 T_{on} とオフ時間 T_{off} をあわせた時間 T（$= T_{on} + T_{off}$）をスイッチング周期（switching period）と呼ぶ。このスイッチング周期に対して十分に長い時間を考えたとき，電圧の平均値が負荷抵抗に印加される平均電圧 V_R（mean

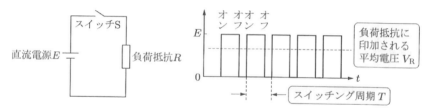

図 2–1　スイッチングによる制御の原理 [1]

voltage）となる。

　負荷抵抗に印加される平均電圧 V_R と，直流電源 E，オン時間 T_{on}，オフ時間 T_{off} の関係を考える。スイッチング周期のオン時間 T に対するオン時間 T_{on} は，

$$DF = \frac{T_{on}}{T} = \frac{T_{on}}{T_{on} + T_{off}} \tag{2.1}$$

となる。このオンオフ時間比 DF をデューティファクタ（duty factor）もしくはデューティ比と呼ぶ。デューティファクタ DF を用いると，平均電圧 V_R は

$$V_R = E \times \frac{T_{on}}{T} = E \times DF \tag{2.2}$$

となる。例えば，直流電源 E の電圧を 200 V として，10 Ω の負荷抵抗 R に 40 V の平均電圧 V_R を印加するとする。式 (2.2) より，DF は 0.2（$= 40/200$）となる。すなわち，図 2–2 に示すように，デューティファクタを 0.2 としてスイッチングを行うことで，平均電圧 V_R を 40 V に制御できることがわかる。すなわち 10 Ω の負荷抵抗には 4 A の平均電流が流れることになる。これはオン時間だけ 20 A（$= 200\,\text{V}/10\,\Omega$）の電流が負荷に流れることで生じる。このような回路は電圧を断続させるためチョッパ（chopper）と呼ばれる。

　オン時間とオフ時間の和であるスイッチング周期 T の逆数をスイッチング周波数（switching frequency）f_S と呼ぶ。

$$f_S = \frac{1}{T} \tag{2.3}$$

一般のパワーエレクトロニクス回路では周期 T が数 ms 以下になるように高速

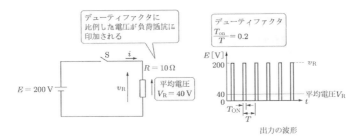

図 2–2 デューティファクタによる電圧制御理論[1]

でスイッチングを行う。従って，スイッチング周波数 f_S は数 $100\,\mathrm{Hz}$ 以上である。もちろん，オン時間 T_{on} は周期 T より短くなる。

2.1.2 電流の平滑化

パワーエレクトロニクスを利用する場合，パワーエレクトロニクス回路から出力される電流を利用することが多い。しかし図 2–1 のような回路の場合，電流も電圧と同じように断続する。電流が断続しないようにするため平滑回路 (smoothing circuit) が一般に用いられる。平滑回路にはインダクタ L，ダイオード D，およびキャパシタ C が用いられる。

インダクタ L とダイオード D による平滑回路を**図 2–3** に示す。このときの負荷抵抗 R の両端の電圧 v_R と負荷抵抗に流れる電流 i_R の波形を**図 2–4**(a) に示す。

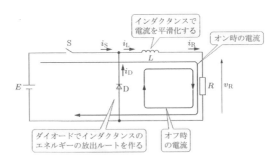

図 2–3 インダクタによる電圧の平滑化動作[1]

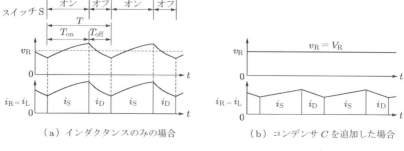

（a）インダクタンスのみの場合   （b）コンデンサ C を追加した場合

図 2–4 インダクタとキャパシタによる平滑化[1]

スイッチ S がオンの期間ではスイッチを流れる電流 i_S は，$E_+ \to L \to R \to E_-$ と流れる。ただし，E_+ と E_- は電源のプラスとマイナス側を指す。このときダイオード D は逆極性なので導通していない。このときは $i_\mathrm{S} = i_\mathrm{L} = i_\mathrm{R}$ である。スイッチ S をオンにすると，インダクタ L と抵抗 R の直列回路の過渡現象により，i_S はゆっくり上昇する。スイッチがオンの期間はインダクタに電流が流れているので，インダクタには磁気エネルギー U_L

$$U_\mathrm{L} = \frac{1}{2} L \cdot i_\mathrm{L}{}^2 \tag{2.4}$$

が蓄積されていく。

　スイッチ S がオフになるとインダクタには電流が電源から供給されなくなる。しかしインダクタにはエネルギーが蓄積されているため，電流がすぐには 0 にならず，徐々に減少していく。このときインダクタに蓄えられたエネルギーは，$L \to R \to D \to L$ という経路を流れる電流となる。インダクタは蓄えたエネルギーを放出し，それまで流れていた電流と同一方向に電流を流し続ける働きをする。すなわちインダクタが起電力となって電流を流し続けようとする。

　インダクタは電流の変化が小さくなるような働きをする。そのためインダクタに生じた起電力による電流は負荷抵抗 R に流れ，ダイオード D を導通させる。これを還流と呼ぶ。これによりスイッチのオフ期間には電流 i_D が流れる。このとき $i_\mathrm{D} = i_\mathrm{L} = i_\mathrm{R}$ であり $i_\mathrm{S} = 0$ である。すなわち負荷抵抗 R に流れる電流 i_R は i_D と i_S が交互に供給することになる。このように負荷抵抗 R に流れる

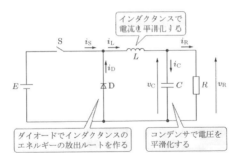

図 2–5 キャパシタを追加した場合の電圧の平滑化動作 [1]

電流は断続しなくなり，図 2–4（a）に示すように変動する。このような周期的な変動をリップル（脈動：ripple）という。

このようなリップルを低下させるためには**図 2–5** に示すようにキャパシタを回路に追加する。キャパシタは電流 i_C が流れると，電圧 v_C がゆっくり上昇していき，静電エネルギー U_C

$$U_C = \frac{1}{2} C \cdot v_C^2 \tag{2.5}$$

として蓄積される。これを充電という。キャパシタに電流が供給されなくなると，キャパシタに蓄積されたエネルギーが放電され，電圧 v_C は徐々に減少する。このようにキャパシタは電圧の変化を抑える働きがあり，このため図 2–4（b）に示すように，電圧は平滑化され，電流の変動も小さくなる。キャパシタ C の容量が十分に大きい場合，負荷の両端の電圧 v_R はほぼ一定の V_R となる。このような働きをするキャパシタを平滑化コンデンサ（smoothing capacitor）という。

このようにスイッチングすることにより平均電圧を制御し，更に平滑化すればほぼ直流の電圧が得られる。平均電圧が制御できれば，オームの法則から平均電流の制御も行えることになる。ただし負荷抵抗 R の大きさにより電圧や電流のリップルの大きさは変化する。このため平滑回路のインダクタ L やキャパシタ C は，負荷抵抗 R に応じて最適な値を選定する必要がある。

2.2　平均値と実効値

　交流回路理論では正弦波交流の扱いを中心に学習した。パワーエレクトロニクスでは，前節のように方形波やリップルを含む波形など正弦波ではない波形を扱うことが多い。ここでは前節で学んだ平均値に実効値を加え，正弦波交流やそれ以外の波形の扱いを学習する。

2.2.1　正弦波交流の平均値と実効値

　正弦波交流は時間で電圧や電流が変化する。このため大きさを数値で表す場合，任意の瞬時の時間の大きさを表す瞬時値，最大値を表す波高値，その他には実効値と呼ばれる値が用いられる。図 **2–6** にこの関係性を正弦波電流で示す。瞬時値 $i(t)$ は時刻によって変化する。このため電流の代表的な大きさはわからない。交流電流の大きさは直流電流と同じ働きをする電流と対応して示される。同じ値の抵抗 R に直流電流 I と交流電流 $i(t)$ を流したとき，抵抗で発生する熱エネルギーが等しければ，交流電流は直流電流と同じ働きをしたことになる。このときの直流電流 I の値を，交流電流 $i(t)$ の実効値（effective value：root-mean-square value）という。正弦波交流の場合，実効値は波高値の $1/\sqrt{2}$ 倍となる。すなわち，正弦波電圧 V および電流 I とそれぞれの波高値 V_m および電流 I_m の間には，以下のような関係がある。

$$V = \frac{1}{\sqrt{2}}V_\mathrm{m} = 0.707V_\mathrm{m}, \ I = \frac{1}{\sqrt{2}}I_\mathrm{m} = 0.707I_\mathrm{m} \qquad (2.6)$$

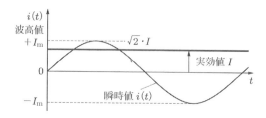

図 2–6　正弦波交流の波高値と実効値 [1]

　実効値は実際にエネルギーとして働く交流電圧，交流電流の大きさを示す。周期 T の正弦波電圧 $v(t)$ を例にとると，実効値電圧 V_{eff} は以下のように定義される。

$$V_{\text{eff}} = \sqrt{\frac{1}{T} \int_0^T \{v(t)\}^2\, dt} \tag{2.7}$$

また平均電圧 V_{ave} の定義は以下となる。

$$V_{\text{ave}} = \frac{1}{T} \int_0^T v(t)dt \tag{2.8}$$

2.2.2　方形波波形の平均値と実効値

　正弦波以外の電圧や電流の場合でも，式 (2.7) や式 (2.8) を用いて実効値や平均値は求めることができる。いま，電圧を例として**図 2–7** に示す方形波の実効値 V_{eff} と平均値 V_{ave} を求めてみる。なお電流の場合も v や V を，i や I に置き換えると同様に求められる。実効値 V_{eff} は

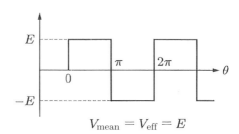

$$V_{\text{mean}} = V_{\text{eff}} = E$$

図 2–7　180° 導通方形波の実効値と平均値 [1]

$$V_{\text{eff}} = \sqrt{\frac{1}{T} \int_0^T v(t)^2 dt} = \sqrt{\frac{1}{2\pi} \int_0^{2\pi} E^2 d\theta} = E \tag{2.9}$$

となる。ただし θ は電圧の位相角である。一方，平均値 V_{ave} は

$$V_{\text{ave}} = \frac{1}{T} \int_0^T v(t)dt = \frac{1}{2\pi} \left\{ \int_0^\pi E d\theta + \int_\pi^{2\pi} (-E)\, d\theta \right\} = 0 \tag{2.10}$$

となる。すなわち，1 周期の平均は 0 となる。このような場合，半周期（1/2 周期）の波形を用いて平均値を求める半周期平均値 V_{mean} が用いられる。

$$V_{\mathrm{mean}} = \frac{1}{T/2} \int_0^{T/2} v(t)dt = \frac{1}{\pi} \int_0^\pi E d\theta = E \qquad (2.11)$$

すなわち，図 2–7 に示すような方形波
の場合では，半周期平均値 V_{mean} と実
効値 V_{eff} は同じ値となる。

一方，図 **2–8** に示すような方形波の
場合では半周期平均値 V_{mean} と実効値
V_{eff} は一致しなくなる。図 2–7 の波形
と同じように実効値 V_{eff}，平均値 V_{ave}，
半周期平均値を求めてみる。それぞれ
の値は，

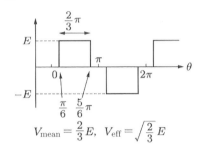

$$V_{\mathrm{mean}} = \frac{2}{3}E, \quad V_{\mathrm{eff}} = \sqrt{\frac{2}{3}}\,E$$

図 2–8　120° 導通方形波の実効値と
平均値 [1]

$$V_{\mathrm{eff}} = \sqrt{\frac{1}{T} \int_0^T v(t)^2 dt} = \sqrt{\frac{1}{2\pi}\left\{ \int_{\pi/6}^{5\pi/6} E^2 d\theta + \int_{7\pi/6}^{11\pi/6} E^2 d\theta \right\}}$$

$$= \sqrt{\frac{2}{3}}\,E \qquad (2.12)$$

$$V_{\mathrm{ave}} = \frac{1}{T} \int_0^T v(t)dt = \frac{1}{2\pi}\left\{ \int_{\pi/6}^{5\pi/6} E d\theta + \int_{7\pi/6}^{11\pi/6} (-E)d\theta \right\} = 0$$

$$(2.13)$$

$$V_{\mathrm{mean}} = \frac{1}{T/2} \int_0^{T/2} v(t)dt = \frac{1}{\pi} \int_{\pi/6}^{5\pi/6} E d\theta = \frac{2}{3}E \qquad (2.14)$$

となる。すなわち，この波形の場合，半周期平均値 V_{mean} と実効値 V_{eff} は異な
る値となる。このように正弦波でない場合，実効値や平均値などの値は，波形
によって異なる。なお電流も同様のことがいえる。

2.3　ひずみ波形のフーリエ級数による表示

パワーエレクトロニクスではスイッチングにより電力を変換する。そのため
電圧と電流の波形はオンオフを基本とした，正弦波と異なる様々な波形となるこ

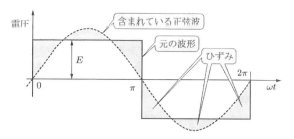

図 2–9 方形波に含まれるひずみ [1]

とが多い。このような波形に含まれる正弦波以外の成分をひずみ（distortion）という。例えば方形波は，**図 2–9** に示すように正弦波とひずみの合成波形と考えることができる。このようにひずみを含んだ交流波形の電圧 $v(t)$，電流はフーリエ級数（Fourier series）を用いて，以下のように表すことができる。

$$
\begin{aligned}
v(t) &= a_0 + \sum_{n=1}^{\infty}(a_n \cos n\omega t + b_n \sin n\omega t) \\
&= a_0 + \sum_{n=1}^{\infty}\sqrt{a_n^2 + b_n^2}\sin(n\omega t + \varphi_n) \\
&= V_0 + \sum_{n=1}^{\infty}\sqrt{2}V_n \sin(n\omega t + \varphi_n)
\end{aligned}
\tag{2.15}
$$

ここで n は周波数の次数で，$n=1$ は基本波といわれる周期 T の正弦波を示す。周波数が 2 倍のときは $n=2$ のように，n は周波数が何倍かを示す。a_0，a_n，b_n はフーリエ係数と呼ばれ，次のような定積分で表される。

$$
a_n = \frac{2}{T}\int_0^T v(t)\cos n\omega t\, dt = \frac{1}{\pi}\int_0^{2\pi} v(\theta)\cos n\theta d\theta \quad (n=0,1,2,\dots)
\tag{2.16}
$$

$$
b_n = \frac{2}{T}\int_0^T v(t)\sin n\omega t\, dt = \frac{1}{\pi}\int_0^{2\pi} v(\theta)\sin n\theta d\theta \quad (n=0,1,2,\dots)
\tag{2.17}
$$

a_0 は交流に含まれる直流成分であり次のように示される。

$$a_0 = \frac{1}{T}\int_0^T v(t)dt = \frac{1}{2\pi}\int_0^{2\pi} v(\theta)d\theta \tag{2.18}$$

すなわち，1 周期の平均である。同様に V_0 は交流に含まれる直流成分である。周波数が基本波の n 倍の正弦波である n 次の成分の電圧の実効値は，$V_n = \sqrt{a_n^2 + b_n^2}/\sqrt{2}$ と表される。n 次の成分のそれぞれの位相は，$\varphi_n = \tan^{-1}(a_n/b_n)$ と表すことができる。電流も同様に，式 (2.15) より，以下のように表すことができる。

$$i(t) = I_0 + \sum_{n=1}^{\infty} \sqrt{2}I_n \sin(n\omega t + \varphi_n - \phi_n) \tag{2.19}$$

ここで I_0 は交流に含まれる直流成分，I_n は n 次の実効値成分，ϕ_n は n 次の成分の力率角である。このように電圧や電流をフーリエ級数表示したとき，$n = 1$ の成分を基本波（fundamental component），$n \geq 2$ の成分を高調波（harmonic component）と呼ぶ。またそれぞれの周波数ごとの電圧と電流には後述する力率角に相当する位相差 ϕ_n が存在する。

　ひずみ波形の実効値は定義に基づき，波形を定積分することで求められる。しかし，フーリエ級数で表したときには各周波数成分の実効値を用いて次のように表すことができる。

$$V_{\rm rms} = \sqrt{\frac{1}{T}\int_0^T v(t)^2 dt} = \sqrt{V_0^2 + \sum_{n=1}^{\infty} V_n^2} = \sqrt{V_0^2 + V_1^2 + V_2^2 + \cdots} \tag{2.20}$$

$$I_{\rm rms} = \sqrt{\frac{1}{T}\int_0^T i(t)^2 dt} = \sqrt{I_0^2 + \sum_{n=1}^{\infty} I_n^2} = \sqrt{I_0^2 + I_1^2 + I_2^2 + \cdots} \tag{2.21}$$

すなわち，ここで示した実効値 $V_{\rm rms}$，$I_{\rm rms}$ はフーリエ級数の各次数成分の二乗平均平方和（root mean square：rms 和）である。この式はひずみ波形の実効値には高調波の全ての成分が含まれることを意味する。

　フーリエ級数を用いると図 2-10 に示すようにひずみ波形を周波数の異なる

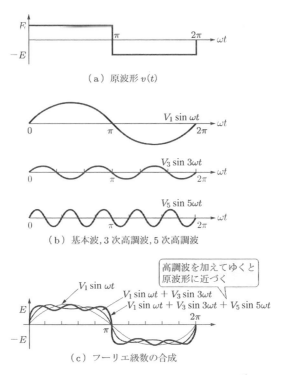

(a) 原波形 $v(t)$

(b) 基本波, 3次高調波, 5次高調波

高調波を加えてゆくと
原波形に近づく

(c) フーリエ級数の合成

図 2–10 フーリエ級数による波形の近似 [1]

正弦波で近似できる。例えば近似したひずみ波形は図 2–10 (a) のような,区間 $(0, \pi)$ で $+1$,区間 $(\pi, 2\pi)$ で -1 の方形波 $v(t)$ とする。これに図 2–10 (b) に示すような基本波 $V_1 \sin \omega t$ およびその 3 倍,5 倍の周波数成分の波形を時刻 $t = 0$ で 0 V になるように一致させて重ね合わせる。この 3 つを合成した図 2–10 (c) の波形を見ると,元の波形にかなり近いものが得られる。これを 7 倍,9 倍,……と無限に行えば元の波形に一致する。ここで 3 倍,5 倍の周波数をもつ成分を 3 次,5 次の高調波と呼ぶ。

　フーリエ級数を視覚的に表現したものがスペクトル (spectrum) である。**図 2–11** にひずみ波形とそのスペクトルの例を示す。スペクトルは横軸を周波数として各周波数成分の大きさを棒グラフとして表す。図の波形では比較的低周

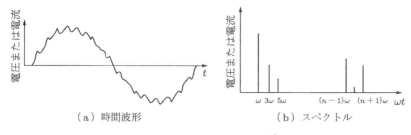

（a）時間波形　　　　　　　　（b）スペクトル

図 2–11　スペクトルの例 [1]

波の 3ω, 5ω と $(n\pm1)\omega$ で示された高周波成分が大きいことがわかる。このようにスペクトルを用いると視覚的に高周波と基本波の大きさの関係を示すことができる。

2.4　電力

　ここでは交流の電力について始めに正弦波交流について復習し，その後ひずみ波の電力について学習する。

2.4.1　正弦波交流の電力

　電力とは負荷により消費される単位時間あたりのエネルギーである。一般に負荷電圧 v と負荷電流 i の積として次のように表される。

$$p(t) = v(t) \cdot i(t) \tag{2.22}$$

ここで $p(t)$ は負荷により消費されるある時刻 t における消費の電力，$v(t)$, $i(t)$ は時刻 t における負荷電圧および電流の瞬時値である。このとき $p(t)$ を瞬時電力（instantaneous electric power）という。**図 2–12** に正弦波交流における負荷電圧と電流，そのときの瞬時電力の例を示す。瞬時電力は電圧や電流の周波数の 2 倍の周期で変動する。また瞬時電力が負になる期間がある。これは負荷から電源側にエネルギーが戻っている期間があることを意味している。すなわち瞬時電力のマイナスをプラスから差し引いたエネルギーが有効電力として電

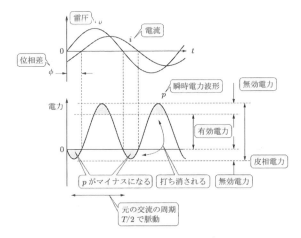

図 2–12　交流電力の例 [1)]

源側から負荷へと供給されることとなる。

　交流の場合，電圧と電流に位相差がある。そのため瞬時電力の概念に加え，負荷で消費される有効電力 P（effective power：単位は W），負荷で消費されない無効電力 Q（reactive power：単位は var）という考え方が必要になる。電圧と電流に ϕ の位相差があった場合有効電流は次のようになる。

$$P = V \cdot I \cdot \cos\phi \tag{2.23}$$

このとき，電圧の実効値 V と電流の実効値 I の積，$V \times I$ を P_a を皮相電力（apparent power：単位は VA）という。正弦波交流の場合，$\cos\phi$ は力率（power factor）と呼ばれる。力率は皮相電力の内の有効電力の割合を示している。ϕ は力率角（power-factor angle）と呼ばれる。また $I\cos\phi$ は電流の有効成分といい，電圧 V と同相である。$I\sin\phi$ は電流の無効成分と呼ばれる。

　インダクタやキャパシタは電力を消費しないが，エネルギーを蓄積し放出する。このときインダクタやキャパシタと電源の間でエネルギーを受け渡しすることになる。インダクタやキャパシタが電源と受け渡しする電力は無効電力 Q であり，次のように表される。

$$Q = V \cdot I \cdot \sin \phi \tag{2.24}$$

皮相電力 P_a，有効電力 P，無効電力 Q の間には次の関係がある。

$$P_a = \sqrt{P^2 + Q^2}, \quad P = P_a \cdot \cos \phi, \quad Q = P_a \cdot \sin \phi \tag{2.25}$$

2.4.2　ひずみ波の電力

ひずみ波の電圧を負荷に印加するとその結果流れる電流もひずみ波となる。このとき電圧と電流を，それぞれ式（2.15）および式（2.19）に示したフーリエ級数で表わされるとする。このとき有効電力は次のようになる。

$$
\begin{aligned}
P &= \frac{1}{T} \int_0^T p(t)dt = \frac{1}{T} \int_0^T v(t) \cdot i(t)dt \\
&= V_0 I_0 + V_1 I_1 \cos \phi_1 + V_2 I_2 \cos \phi_2 + \cdots \\
&= V_0 I_0 + \sum_{n=1}^{\infty} V_n I_n \cos \phi_n
\end{aligned}
\tag{2.26}
$$

この式は，ひずみ波の電力は同じ次数の電圧と電流による有効電力の総和になることを示している。電圧および電流の双方に含まれる周波数の高調波のみが有効電力に含まれることとなる。すなわち，電圧または電流のいずれかが正弦波であれば高調波は有効電力とならず，基本波のみを電力として考慮すればよいことになる。

2.5　力率とひずみ率

2.5.1　力率

皮相電力 P_a と有効電力 P の比として定義した力率（P/P_a）は総合力率 PF（total power factor）と呼ばれる。正弦波交流の場合，有効電力は $P = V \cdot I \cdot \cos \phi$ なので，$PF = \cos \phi$ となる。すなわち，総合力率 PF と電圧と電流の位相差から求める力率 $\cos \phi$ が等しい。

ひずみ波の場合を考える。ひずみ波では基本波以外の周波数の正弦波成分が

含まれるので，電圧波形と電流波形の位相差という関係は成り立たない。その
ため総合力率と基本波の力率を区別する必要がある。ひずみ波の皮相電力は，

$$P_a = V_{\mathrm{rms}} \cdot I_{\mathrm{rms}} \tag{2.27}$$

と，ひずみ波の電圧と電流の実効値の積となる。ひずみ波の総合力率 PF は定
義に従って，

$$PF = \frac{P}{P_a} = \frac{P}{V_{\mathrm{rms}} \cdot I_{\mathrm{rms}}} \tag{2.28}$$

となる。総合力率 PF は高調波を含んだ力率である。これに対して基本波力率
は基本波成分の電圧と電流の位相差 ϕ_1 を表しており，以下のようになる。

$$\cos \phi_1 = \frac{P_1}{V_1 \cdot I_1} = \frac{V_1 \cdot I_1 \cdot \cos \phi_1}{V_1 \cdot I_1} \tag{2.29}$$

総合力率 PF は基本波に対する高調波を含む割合を示す指標となる。電力系
統では高調波は供給すべき電力の周波数ではないので無効電力とみなされる。
そのため総合力率 PF を用いて評価することが多い。一方，電動機駆動などの
場合，基本波成分の電流が電動機のトルクに直接関係する。このため基本波力
率で評価することが多い。

2.5.2 ひずみ率

波形が高調波を含んでいるとき，その波形はひずんでいるという。ひずみの
程度はひずみ率（歪率）で表す。ひずみ率は機器や用途の分野によって様々な
定義がある。ここではパワーエレクトロニクス分野で使われるひずみ率を説明
する。

パワーエレクトロニクス分野ではひずみ率として総合ひずみ率（total harmonic distortion：THD）を用いる。THD は次の式で表される。

$$THD = \frac{\sqrt{\sum_{k=2}^{\infty} I_k^2}}{I_1} = \frac{V_1 \cdot I_1 \cdot \cos \phi_1}{V_1 \cdot I_1} \tag{2.30}$$

この式は基本波成分の電流 I_1 に対して高調波成分の二乗平均平方和（rms 和）の割合を示している。電圧のひずみ率も同様に求めることができる。

　総合力率 PF は，ひずみがあり高調波を含んだ場合の力率である。総合力率 PF はひずみ率を用いて以下のように表すことができる。

$$PF = \frac{I_1 \cdot \cos\phi_1}{\sqrt{\sum_{k=2}^{\infty} I_k^2}} = \frac{\cos\phi_1}{\sqrt{1+THD^2}} \tag{2.31}$$

　電力系統に流出している高調波電流を表すときには THD が用いられる。式 (2.30)，式 (2.31) では Σ の和は ∞ までとしたが，電力系統での THD は 40 次までの高調波を対象として 5%以下にすることが，高調波ガイドラインで定められている。規格値は 40 次までの高調波を対象にしているので，50 または 60 Hz の電力系統では，2 kHz または 2.4 kHz 以下の高調波が対象となる。そのため，多くのパワーエレクトロニクス機器で用いられる可聴波周波数（20 Hz～20 kHz）以上のスイッチング周波数分の成分の評価は含まれない。

　パワーエレクトロニクス機器の出力の歪みを評価するためには，対象とする次数を高くすればスイッチング周波数まで含めることができる。しかし高調波は周波数が高いほど負荷への影響が小さくなる。この理由は電動機などの誘導性負荷は周波数に比例してインピーダンスが増加するためである。周波数の次数ごとに現象への影響の大きさが異なる。そのため高調波の振幅を次数で割った値（I_k/k や $I_k{}^2/k$）として求めるなど，様々な定義のひずみ率が用いられている。

　ひずみ波形の例として**図 2–13** に三相全波整流回路の電流波形とそのスペクトルを示す。このような整流回路の場合，出力電圧が正弦波であっても電流はひずみ波である。電圧が正弦波であれば有効電力を求めるときには電流の基本成分だけが対象となる。それ以外の高調波成分の電流は無効となる。つまり無効電力となる高調波電流があることにより総合効率 PF が低下することになる。

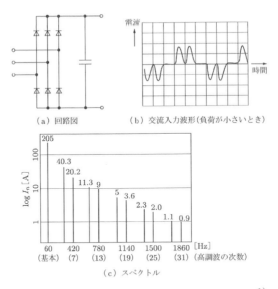

(a) 回路図　　　　　（b）交流入力波形（負荷が小さいとき）

(c) スペクトル

図 2-13　三相全波整流回路の電流のスペクトル[1]

演 習 問 題

(1) 問題図 2-1（a）に示す回路のスイッチング波形が**問題図 2-1**（b）のようであった。以下の問いに応えよ。

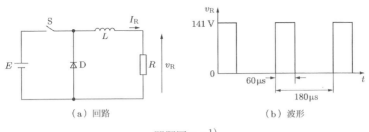

(a) 回路　　　　　　　　（b）波形

問題図 2-1[1]

(a) 負荷抵抗 R の両端の平均電圧 V_R を求めよ。

(b) デューティファクタ DF およびスイッチング周波数 f_S を求めよ。

(c) 負荷抵抗 R に流れる平均電流 I_R を 2 倍にするため必要なオン時間 T_{on} を求めよ。

(d) 7 Ω の負荷抵抗 R に 10 A の直流電流を流したい。スイッチング周波数を 10 kHz に設定した場合，スイッチのオン時間のとき流れる平均電流 I_R を 2 倍にするため必要なオン時間 T_{on} を求めよ。

(2) 本文の図 2–7 のひずみ波について以下の問いに応えよ。

(a) フーリエ級数を用いて近似せよ。

(b) ひずみ率を求めよ。

(3) 50 Hz，200 V の商用電源に接続された単相入力のインバータ回路の入力電流を測定して周波数分析した結果，**問題表 2–1** のような結果となった。このとき以下の問いに応えよ。

問題表 2–1[1)]

周波数 [Hz]	0	50	150	250	350	450
電流 [A]	0	12	4	2.4	1.7	1.3

(a) 電流スペクトルを描け。

(b) 電流のひずみ率を求めよ。

(c) 入力の総合力率を求めよ。ただし基本波力率は 1 とする。

演 習 解 答

(1) 問図 2–1 (b) より，$E = 141$ V，$T = 180\,\mu s$，$T_{on} = 60\,\mu s$。これを用いて，

(a) $V_R = E \times \frac{T_{on}}{T} = 141 \times \frac{60}{180} = 47$ V

(b) $DF = \frac{T_{on}}{T} = \frac{60}{180} = 0.3333$，$f_S = \frac{1}{T} = \frac{1}{180 \times 10^{-6}} = 5.56 \times 10^3 = 5.56$ kHz

(c) 平均電流 I_R を 2 倍にするためには平均電圧 V_R を 2 倍にする必要がある。そのためにはデューティファクタ DF を 2 倍にすればよい。従ってオン時間 T_{on} は 2 倍，すなわち 120 μs となる。

(d) $7\,\Omega$ の負荷抵抗 R に $10\,\mathrm{A}$ の平均電流が流れているとき，抵抗の両端の平均電圧 V_R は，$V_\mathrm{R} = R \cdot I = 7 \times 10 = 70\,\mathrm{V}$。これがスイッチングした時の出力電圧となるので，デューティファクタ DF は，$DF = \frac{V_\mathrm{R}}{E} = \frac{70}{141} = 0.5$。デューティファクタ DF，オン時間 T_on，スイッチング周波数 f_S の関係より，$DF = \frac{T_\mathrm{on}}{T} = \frac{70}{141} = f_\mathrm{S} \cdot T_\mathrm{on}$。従って，オン時間 T_on は，$T_\mathrm{on} = \frac{DF}{f_\mathrm{S}} = \frac{0.5}{10 \times 10^3} = 50\,\mu s$ となる。

(2) (a) $a_n = \frac{1}{\pi} \int_0^{2\pi} v(\theta) \cos n\theta d\theta = 0$ となる。従って $b_n = \frac{1}{\pi} \int_0^{2\pi} v(\theta) \sin n\theta d\theta$ を求めればよい。半周期の対称性をもつことを利用して，

$$b_{2n+1} = \frac{1}{\pi} \int_0^{2\pi} v(\theta) \sin(2n+1)\theta d\theta$$
$$= \frac{1}{\pi} \left[\int_0^{\pi} E \sin(2n+1)\theta d\theta + \int_\pi^{2\pi} \{-E \sin(2n+1)\theta\} d\theta \right]$$
$$= \frac{2E}{\pi} \left[\frac{-\cos n\theta}{2n+1} \right]_0^{\pi} = \frac{4E}{\pi(2n+1)}$$

従って，$v(\theta) = \frac{4E}{\pi} \left[\sin\theta + \frac{1}{3}\sin 3\theta + \frac{1}{5}\sin 5\theta + \frac{1}{7}\sin 7\theta + \cdots \right]$

(b) (a) より $V_1 = \frac{4E}{\pi}\sin\theta$ なので，その実効値は $V_{1\mathrm{rms}} = \frac{4E}{\pi}\frac{1}{\sqrt{2}}$。一方，$V_\mathrm{rms} = \sqrt{V_0{}^2 + V_1{}^2 + V_2{}^2 + \cdots} = V_\mathrm{eff} = E$。従って，

$$THD = \frac{\sqrt{V_2{}^2 + V_3{}^2 + V_4{}^2 + \cdots}}{V_1} = \frac{\sqrt{V_\mathrm{rms}{}^2 - V_{1\mathrm{rms}}{}^2}}{V_1}$$
$$= \frac{\sqrt{E^2 - \left(\frac{4E}{\pi}\frac{1}{\sqrt{2}}\right)^2}}{\frac{4E}{\pi}\frac{1}{\sqrt{2}} 1} = 0.48 \quad \therefore 48\%$$

(3) (a) 解答図 2–1 の通り。

(b) $THD = \frac{\sqrt{\sum\limits_{k=2}^{\infty} I_k{}^2}}{I_1} = \frac{\sqrt{4^2 + 2.4^2 + 1.7^2 + 1.3^2}}{12} = 0.845 \quad \therefore 84.5\%$

(c) $PF = \frac{\cos\phi_1}{\sqrt{1+THD^2}} = \frac{1}{\sqrt{1+0.845^2}} = 0.763 \quad \therefore 0.76$

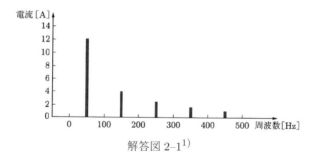

解答図 2–1[1])

引用・参考文献

1) 森本雅之：よくわかるパワーエレクトロニクス，森北出版，2016.
2) 堀孝正編著：パワーエレクトロニクス，オーム社，2008.

3章　電力変換の基礎とスイッチ

　1章で述べたように，パワーエレクトロニクスとは電力の変換と制御を行う技術である．パワーエレクトロニクスの回路と通常の回路，つまり抵抗やキャパシタなどで構成された電気回路や，トランジスタで増幅などを行う電子回路との最も大きな違いは，回路がスイッチング素子によって構成され，スイッチをON/OFF 制御することで高効率な電力変換を行う点である．本章ではパワーエレクトロニクス回路におけるスイッチングの考え方と，それがなぜこれほどまでに重要な意味をもつのか，パワーエレクトロニクスの回路を考えるときにどのように考えればよいか，について述べる．

3.1　電力変換と効率

　上記のようにパワーエレクトロニクスとは電力の変換と制御を行う技術である（図 3–1）．

　変換器に入力した入力電力は，その電圧や電流や時間波形などを変化させて，出力される．多くの場合外部からの制御

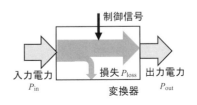

図 3–1　電力の変換

信号によってどのように変化させるか，例えば何 V の電圧を出力するか，何 Hz の正弦波に変換するか，などが制御される．このとき電力の損失が発生する．変換器の損失 P_{loss} と効率（電力変換効率）η は下記の式で表される．

$$P_{\text{loss}} = P_{\text{in}} - P_{\text{out}} \tag{3.1}$$

$$\eta = \frac{P_{\text{out}}}{P_{\text{in}}} \tag{3.2}$$

　この変換効率を上げることがパワーエレクトロニクスの重要な課題となる。理想は損失がゼロで変換効率が1である。効率が高いということは，損失が小さいことを意味する。損失が小さいということは発熱が少ないということであり，冷却面積を小さくできるということは，装置の小型化につながる。装置を小型化できるということは，一概にはいえないが，材料が少なくて済むということで，これはすなわち装置の価格が安くなる，ということになる場合が多い。つまり，装置の変換効率を高くすることが，電力損失を少なくし，装置を小型化し，値段を下げる，という効果をもたらす。

　従ってパワーエレクトロニクスの目的は，いかに効率良く，かつ制御性良く電力を目的の形状に変換するか，ということになる。電力を制御して変換する際に生じる損失をいかに低減するか，が課題である。

3.2　スイッチングによる電力変換

　本節ではパワーエレクトロニクスの電力変換の基本となるスイッチングの考え方について述べる。

　通常の電気回路による電力変換の簡単な例として，例えば図 **3–2** のような回路を考えてみよう。回路の左側には 10 V の定電圧源があり，回路の右側の負荷に電流を流す。負荷は 10 Ω の抵抗とする。このとき負荷に流れる電流を，あるいは負荷にかかる電圧を調整する。このためにこの回路では回路の途中に可変抵抗が設けられている。

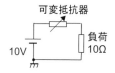

図 3–2　抵抗器による電力変換

　今，負荷に 4 V の電圧を出力させたいとする。その場合の可変抵抗の値は，$4\,\mathrm{V}/10\,\Omega = 0.4\,\mathrm{A}$，$10\,\mathrm{V}/0.4\,\mathrm{A} = 25\,\Omega$，$25\,\Omega - 10\,\Omega = 15\,\Omega$，となり，15 Ω に調整すればよいことがわかる。このとき，入力電力，出力電力，損失は

$$P_{\mathrm{in}} = 10\,\mathrm{V} \times 0.4\,\mathrm{A} = 4\,\mathrm{W} \tag{3.3}$$

$$P_{\mathrm{out}} = 4\,\mathrm{V} \times 0.4\,\mathrm{A} = 1.6\,\mathrm{W} \tag{3.4}$$

$$P_{\mathrm{loss}} = 4\,\mathrm{W} - 1.6\,\mathrm{W} = 2.4\,\mathrm{W} \tag{3.5}$$

$$\eta = 1.6\,\mathrm{W}/4\,\mathrm{W} = 40\% \tag{3.6}$$

と計算される。効率は出力電圧によって変動するが，出力電圧を調整している可変抵抗で電力が損失するため，決して高い値にはならない。

次に，スイッチングを用いた電力変換を考えるために，**図3–3**のような回路を考える。この回路では可変抵抗のかわりにスイッチが設けられている。スイッチは閉じる（ON）か，開く（OFF）かしか制御ができない。スイッチのON/OFFで電力を制御するため次のような工夫をする。まず，スイッチのON/OFFのタイミングを，**図3–4**の上図のように制御する。横軸は時間で，上になっているときをスイッチがONになっている状態，下になっているときをOFFの状態と考える。つまり，一定周期でON/OFFを繰り返していることを表している。このときの繰り返しの間隔Tを周期，その逆数$f = 1/T$

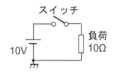

図3–3 スイッチングによる電力変換

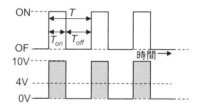

図3–4 スイッチの制御と出力電圧

を周波数と呼ぶ。スイッチのON時間をT_{on}，スイッチのOFF時間をT_{off}とし，ONしている時間の割合をデューティ比DFと呼ぶ。

$$T = T_{\mathrm{on}} + T_{\mathrm{off}} \tag{3.7}$$

$$DF = \frac{T_{\mathrm{on}}}{T} \tag{3.8}$$

図3–3のスイッチをこのようにON/OFFすると，負荷つまり抵抗の両端にかかる電圧V_{out}は，図3–4の下図のようにスイッチがONのときは10 V，OFFのときは0 Vで変化する。ここでスイッチは理想的なスイッチであり，スイッチがONしたときの抵抗は0 Ωと仮定している。

例えば $DF = 0.4$ とする．このとき，図 3–4 下に示した出力電圧の平均値は，

$$\frac{1}{T} \int_0^T V_{\text{out}} dt = 4\,\text{V} \tag{3.9}$$

となり，平均電圧としては図 3–2 と同様に 4 V が出力されていることがわかる．

図 3–2 の回路で得られる 4 V 一定電圧の出力と，図 3–3 の回路の ON/OFF の繰り返しによる矩形波出力では波形が全く異なるが，しかし平均的にはどちらも 4 V である．もし繰り返しの周波数 f が十分に高く，ON/OFF の変化を感じることができなければ，出力電圧は平均値の 4 V 一定に見えるであろう．これが，スイッチングによる電力変換である．

図 3–3 の回路の電流は，ON 時は 1 A，OFF 時は 0 A で変化する．入力電力と負荷抵抗で消費される電力は，

$$P_{\text{in}} = 10\,\text{V} \times 1\,\text{A} \times 0.4 = 4\,\text{W} \tag{3.10}$$

$$P_{\text{out}} = 10\,\text{V} \times 1\,\text{A} \times 0.4 = 4\,\text{W} \tag{3.11}$$

$$\eta = 4\,\text{W}/4\,\text{W} = 100\% \tag{3.12}$$

である．入力電力と出力電力が等しく効率が 100%である．図 3–3 の回路ではスイッチの ON 時の抵抗を 0 Ω と仮定しており，スイッチでの損失がゼロである．もちろん現実にはスイッチの損失はゼロではないが，スイッチングによる電力変換が極めて高効率になりうることがわかる．

3.3　電力制御

パワーエレクトロニクス回路ではスイッチングによって電力を制御することを述べた．スイッチング素子を ON/OFF 制御するためには，外部から図 3–4 のような制御信号を入力する．ここで，これまで見てきたように，スイッチング制御において，制御信号の電圧や電流ではなく，図 3–4 のデューティ比，つまり ON の時間幅の割合によって電力が制御される．出力電力を大きくするた

めには，制御信号の電圧を高くするのではなく，制御パルスの ON 時の幅を大きくする。このことをデューティファクタ制御，あるいはパルス幅変調（pulse width modulation：PWM）制御と呼ぶ。

　パルス幅による制御，ON と OFF の 2 値の切り替えで回路を動作させるという考え方は，デジタル的な制御と大変相性がよい。制御信号が 0 と 1 だけでアナログ的な値を出力する必要がない。パワーエレクトロニクスの回路では複数のスイッチング素子を高速に的確に制御することが求められ，回路のデジタル的な考え方によって回路を設計や制御を大幅に単純化することができる。さらに近年では電源回路がマイコンなどのデジタル制御素子で制御されることが多く，そういったデジタル制御技術との相性もよい。近年のパワーエレクトロニクスの急速な普及の背景にはデジタル技術の進歩があるといってよい。

3.4　スイッチングによる電流経路の切り替え

　図 3–2 と図 3–3 では出力波形が異なるので，出力電力 P_{out} が異なる。図 3–3 の出力電圧波形を図 3–2 のような一定電圧に近づけるためには，フィルタ回路を用いることが多い。

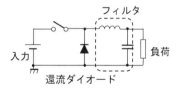

図 3–5　出力フィルタ回路を追加（降圧チョッパ回路）

　出力にフィルタ回路を追加した回路図を図 3–5 に示す。出力の抵抗器の手前に，インダクタとキャパシタからなるフィルタ回路が設けられている。キャパシタは電圧を一定に維持する効果があり，インダクタは電流を一定に保とうとする効果があるので，この回路によって負荷出力への電流と電圧の変動が小さくなる。また回路にはダイオードが追加されている。インダクタは電流を流し続ける効果があるので，ダイオードを追加してスイッチが OFF したときに電流の流れる経路を作る必要がある。これを還流ダイオードと呼ぶ。この回路は「降圧チョッパ」と呼ばれる DC/DC 変換器であり，6 章で詳しく述べる。この回路を例に，パワーエレクトロニクス回

路における電流経路と回路動作の考え方について少し詳しく説明してみる。

　図 3–5 の回路でどういう電流経路が考えられる
だろうか。キルヒホッフの電流則の示す通り，あ
るところから発した電流は必ずそこに戻ってくる。
つまり電流は必ず 1 つの閉路を構成しているはず
である。今，簡単のためにキャパシタと負荷抵抗

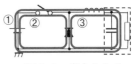

図 3–6　考えられる
電流経路

をひとまとめに考えると，図 3–5 の回路で閉路を構成する方法は**図 3–6** のよう
な 3 通りがあることがわかる。

　まず，インダクタおよびキャパシタにエネルギーが蓄えられていない状態で，
スイッチが ON した場合を考える。回路の電源つまりエネルギーの供給源は左
端の電圧源である。スイッチが ON したことによって電源は電流が流せる状態
になり，その経路は ① と ② が考えられる。しかし ② の経路は電流がダイオー
ドに阻まれて流れないので，① の経路，つまりインダクタとキャパシタと抵抗
からなる負荷に流れる。この結果，インダクタには電流が流れることで，キャ
パシタには電圧がかかることで，エネルギーが蓄積される。

　この状態でスイッチを OFF にする。スイッチは理想スイッチなので ① と ②
の経路には電流は流れない。従って考えられる経路は ③ だけである。③ の経
路には電源が存在しないが，電流が流れてエネルギーを蓄えているインダクタ
は電流を流し続ける働きがあり，電流源のように働く。このため ③ の経路で
はインダクタからの電流が，ダイオードを通って，負荷に流れ込んでいると考
えることができる。

　次にスイッチが ON になったとき，インダクタとキャパシタはある程度エネ
ルギーを蓄積しているので同様に電源の役割を果たすことができる。このとき
インダクタからの電流は ① と ③ の 2 つの経路を選択することができる。

　キャパシタは電圧を一定に保つ働きがあり，この電圧がおおむね一定値 V_out
に保たれていると仮定する。左端の入力電圧を V_in とし，ダイオードが導通した
ときの電圧はゼロと仮定すると，インダクタに左から右に電流を流そうとする
電圧は，① の経路では $V_\text{in} - V_\text{out}$，③ の経路では $-V_\text{out}$ である。つまり ① の

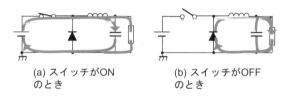

(a) スイッチがON
のとき

(b) スイッチがOFF
のとき

図 3–7 スイッチ ON/OFF 時の電流経路

方が電流を流そうとする力が強く，③ の場合はキャパシタの作る電圧に逆らっ
て電流を流さなければならない。更に ③ の経路ではダイオードが電流の向き
を決めているので，電流が逆に流れることもできない。従って電流は ① の経
路で流れる。

　結果として，スイッチが ON しているときと OFF しているときの電流の経
路は，図 **3–7** のようになる。インダクタとキャパシタの追加によって負荷には
ほぼ一定に電流が流れるが，スイッチが OFF しているときはこの電流は還流
ダイオードを通る。

　つまり，スイッチングによって回路の電流の経路が図のように切り替えられ
ている，ということがわかる。スイッチングとは回路の電流経路を切り替える
技術であり，これがパワーエレクトロニクスの回路動作を理解する上で極めて
重要な概念となる。

　図 3–5 の回路でダイオード（還流ダイオード）がないとどうなるだろうか。ス
イッチが ON 時は ① の経路で電流が流れてインダクタにエネルギーを蓄える。
スイッチが OFF したとき，エネルギーが蓄積したインダクタは電流を流し続
けようとするが，スイッチが OFF のため電流を流す経路が存在しない。つま
りキルヒホッフの電流則を成立させることができず，回路が正常に動作させる
ことができない。実際にそのような回路を動かした場合，インダクタに蓄えら
れたエネルギーが行き場を失い，インダクタに大きな電圧が発生して回路（多
くの場合はスイッチ）が損傷することになる。

3.5　理想スイッチと実際のスイッチ

これまではスイッチが理想的であると仮定して話を進めてきた。実際のスイッチは理想的ではなく，何らかの損失を発生して回路動作に影響を与える。

図 3–3 で解説したようなスイッチを理想スイッチと呼び，次の 3 つの条件を満たすものである。

1. OFF 時に電流がゼロ（抵抗が無限大）
2. ON 時に電圧がゼロ（抵抗がゼロ）
3. ON/OFF の切り替わり時間ゼロ（スイッチング時間がゼロ）

つまり実際のスイッチはこれらの条件を満たさない。このときのスイッチの損失について，**図 3–8** で説明する。

図 3–8（a）のような抵抗負荷にかかる電圧をスイッチで ON/OFF する場合を考えている。（b）の 1 段目はスイッチの ON/OFF のタイミングであり，図 3–4 に示したものと同じである。2 段目スイッチ両端にかかる電圧 V，3 段目はスイッチを流れる電流 I である。スイッチが OFF しているときは電流は流れず，電圧はスイッチ両端にかかっている。スイッチが ON すると電流が流れ，スイッチにかかる電圧がほぼゼロになる。

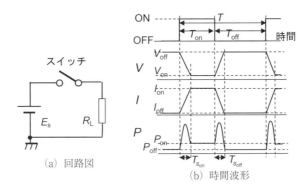

（a）回路図

（b）時間波形

図 3–8　スイッチでの損失の発生（抵抗負荷）

　ここで，スイッチが理想スイッチであれば，OFF しているときの電流はゼロ
であり，ON したときのスイッチ両端の電圧もゼロとなるが，図 3–8 では理想
スイッチとは異なり，OFF しているときに微弱な電流 I_{off} が流れており，ON
しているときに微弱な電圧 V_{on} が発生している。図 3–8 の最下段はスイッチで
消費される電力を表している。消費する電力は電圧と電流の積なので，理想ス
イッチの場合は OFF 時，ON 時，ともに消費電力はゼロであったが，このス
イッチでは OFF 時に P_{off}，ON 時に P_{on} が発生している。電源電圧を E_s，負
荷抵抗を R_L とすると，

$$V_{off} = E_s \tag{3.13}$$

$$I_{on} = \frac{E_s}{R_L} \tag{3.14}$$

$$P_{off} = V_{off} \times I_{off} = E_s \times I_{off} \tag{3.15}$$

$$P_{on} = V_{on} \times I_{on} = V_{on} \times \frac{E_s}{R_L} \tag{3.16}$$

となる。一般に P_{off} は P_{on} よりも十分小さい，つまり OFF 時の漏れ電流は無
視できる程度に小さく，考慮されないことが多い。従って，導通時の損失はス
イッチに生じる電圧降下 V_{on} によって生じる損失と見なすことができる。導通
は T_{on} の期間だけ生じるので，平均すると

$$P_{on_{av}} = P_{on} \times \frac{T_{on}}{T} = V_{on}I_{on} \times \frac{T_{on}}{T} = V_{on}I_{on}DF \tag{3.17}$$

となる。これを導通損失と呼ぶ。

　一方，V_{on} と同等かあるいはそれ以上に重要なのが，スイッチング時に発生
する損失である。図 3–8 において OFF から ON への切り替わるのに $T_{s_{on}}$ の時
間がかかっている。簡単のため，仮にこのスイッチング期間では直線的に電圧
が変化する仮定すると，V_{on} はほぼゼロとして，

$$V = E_s(1 - \frac{t}{T_{s_{on}}}) \tag{3.18}$$

$$I = \frac{(E_s - V)}{R_L} = \frac{E_s}{R_L} \cdot \frac{t}{T_{s_{on}}} \tag{3.19}$$

従って ON する間に損失するエネルギー $E_{\text{sw}_{\text{on}}}$ は，また同様に OFF する間に損失するエネルギー $E_{\text{sw}_{\text{off}}}$ は，

$$E_{\text{sw}_{\text{on}}} = \int_0^{T_{\text{s}_{\text{on}}}} V \cdot I dt = \frac{E_{\text{s}}^2}{R_{\text{L}}} \int_0^{T_{\text{s}_{\text{on}}}} (1 - \frac{t}{T_{\text{s}_{\text{on}}}}) \frac{t}{T_{\text{s}_{\text{on}}}} dt = \frac{1}{6} \frac{E_{\text{s}}^2}{R_{\text{L}}} T_{\text{s}_{\text{on}}}$$
$$(3.20)$$

$$E_{\text{sw}_{\text{off}}} = \frac{1}{6} \frac{E_{\text{s}}^2}{R_{\text{L}}} T_{\text{s}_{\text{off}}} \tag{3.21}$$

と求められる。これらをスイッチング損失と呼ぶ。上記で得られたのはエネルギーであり，1 周期には ON と OFF が 1 度ずつ発生する。従って 1 秒間の電力 P_{sw} は，

$$P_{\text{sw}} = (E_{\text{sw}_{\text{on}}} + E_{\text{sw}_{\text{off}}}) \cdot f = \frac{1}{6} E_{\text{s}} I_{\text{on}} (T_{\text{s}_{\text{on}}} + T_{\text{s}_{\text{off}}}) \cdot f \tag{3.22}$$

スイッチで生じる損失 P は主に，この導通損失 $P_{\text{on}_{\text{av}}}$ と，スイッチング損失 P_{sw} の和である。

$$P = P_{\text{on}_{\text{av}}} + P_{\text{sw}} = V_{\text{on}} I_{\text{on}} DF + \frac{1}{6} E_{\text{s}} I_{\text{on}} (T_{\text{s}_{\text{on}}} + T_{\text{s}_{\text{off}}}) \cdot f \tag{3.23}$$

導通損失は V_{on} および I_{on} に依存する。一方，スイッチング損失はスイッチング時間 T_{s} に依存すると同時に，スイッチング周波数 f に比例する。パワーエレクトロニクスの回路ではスイッチング周波数が性能に大きく影響するが，周波数を高くするとスイッチング損失が増大するため，設計時の重要な指標となる。

ここで求めた損失の式は，図 3–8 に示すような抵抗負荷の場合に適用できるものであり，ある程度汎用性は高いが，あくまで近似であり回路によってスイッチングの動作が変わりうることを認識しておかなければならない。例えば図 3–5 の回路ではスイッチの出力にインダクタが設けられており，これを誘導性負荷と呼ぶ。この場合のスイッチングの様子を模式的に表すと，**図 3–9** のようになる。

ON から OFF する場合，インダクタは電流を流し続けているので，スイッ

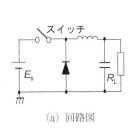

(a) 回路図

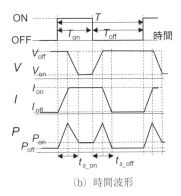

(b) 時間波形

図 3-9　スイッチでの損失の発生（誘導性負荷）

チの抵抗が大きくなり始めても同じ値の電流が流れ続け，十分に抵抗が大きくなってようやくダイオードに還流する。OFF から ON するときも，電流が還流ダイオードに流れている状態から少しでも抵抗を下げるとスイッチへ電流が流れ始める。従ってスイッチング時の電流電圧の波形は図 3-9 の右図のようになる。これは先に計算した式とは異なり，はるかに大きくなることが推察できよう。$T_{s_{on}}$ の値も図 3-7 より大きい。更に，図 3-8，図 3-9 では時間に対して電圧が直線的に変化するとしたが，実際にはこのようにはならず，スイッチつまり様々な半導体デバイスの特性や駆動信号の与え方にも依存する。

　スイッチングの特性や損失は回路にもデバイスにも依存する複雑な現象である。パワーエレクトロニクスの回路を考えるとき，最初はスイッチを理想スイッチとして回路動作を理解し，その上で実際のスイッチの特性を考慮するという手順が望ましい。

演 習 問 題

(1) 図 3-2 の可変抵抗による電力変換回路で，出力電圧を 8 V に調整した場合の，電力変換効率を求めよ。

(2) 図 3-3 のスイッチングによる電力変換回路で，出力の平均電圧を 8 V とす

る場合の，スイッチの制御信号波形（図 3–4）を描け。スイッチング周期は 10 ms とする。このとき周波数 f，T_{on} およびデューティ比 DF はいくらか。

(3) 図 3–8 で示した抵抗負荷を理想的でないスイッチで電力変換する場合，下記の条件でスイッチに生じる損失を計算せよ。

$E_{\mathrm{s}} = 100\,\mathrm{V}$，$R_{\mathrm{L}} = 100\,\Omega$，$V_{\mathrm{on}} = 1\,\mathrm{V}$，$T = 1\,\mathrm{ms}$，$DF = 0.4$，
$T_{\mathrm{s_{on}}} = T_{\mathrm{s_{off}}} = 3\,\mu\mathrm{s}$

(4) 図 3–9 の誘導性負荷の場合のスイッチング損失について，電圧と電流の変化が時間に対して直線的であると仮定して，式（3.23）に相当する損失を求める式を導出せよ。

演 習 解 答

(1) 図 3–2 のとき，$8\,\mathrm{V}/10\,\Omega = 0.8\,\mathrm{A}$，$P_{\mathrm{in}} = 10\,\mathrm{V} \times 0.8\,\mathrm{A} = 8\,\mathrm{W}$

$P_{\mathrm{out}} = 8\,\mathrm{V} \times 0.8\,\mathrm{A} = 6.4\,\mathrm{W}$　$\eta = \frac{6.4\,\mathrm{W}}{8\,\mathrm{W}} = 80\%$

(2) 図 3–3 について，$f = 1/10\,\mathrm{ms} = 100\,\mathrm{Hz}$，$T_{\mathrm{on}} = 8\,\mathrm{ms}$，$DF = 0.8$

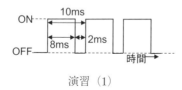

演習（1）

(3) $P = V_{\mathrm{on}} I_{\mathrm{on}} DF + \frac{1}{6} E_{\mathrm{s}} I_{\mathrm{on}} (T_{\mathrm{s_{on}}} + T_{\mathrm{s_{off}}}) \cdot f = 1\,\mathrm{V} \cdot \frac{100\,\mathrm{V}}{100\,\Omega} \cdot 0.4 + \frac{1}{6} \cdot 100\,\mathrm{V} \cdot$
$\frac{100\,\mathrm{V}}{100\,\Omega} (3\mu\mathrm{s} + 3\mu\mathrm{s}) \frac{1}{1\mathrm{ms}} = 0.4\mathrm{W} + 0.1\mathrm{W} = 0.5\mathrm{W}$

(4) 電流が I_{on} に達し，電圧が低下し始める時間を T_{x} とすると，

$$E_{\mathrm{sw_{on}}} = \int_0^{T_{\mathrm{s_{on}}}} V \cdot I\,dt = \frac{E_{\mathrm{s}}^2}{R_{\mathrm{L}}} \int_0^{T_{\mathrm{x}}} \frac{t}{T_{\mathrm{x}}}\,dt + \frac{E_{\mathrm{s}}^2}{R_{\mathrm{L}}} \int_0^{(T_{\mathrm{s_{on}}} - T_{\mathrm{x}})} \left(1 - \frac{t}{T_{\mathrm{s_{on}}} - T_{\mathrm{x}}}\right) dt$$
$$= \frac{1}{2} \frac{E_{\mathrm{s}}^2}{R_{\mathrm{L}}} T_{\mathrm{s_{on}}}$$

$$P_{sw_{off}} = \frac{1}{2} \frac{E_s^2}{R_L} T_{s_{off}}$$

$$P = P_{on_{av}} + P_{sw}$$

$$= V_{on} I_{on} DF + \frac{1}{2} E_s I_{on} (T_{s_{on}} + T_{s_{off}}) \cdot f$$

4章　電力変換と半導体デバイス

本章では，本書の内容の理解に必要なパワー半導体について学ぶ。半導体の習熟度によっては4.1節を省略してもよい。

4.1　半導体とは

4.1.1　半導体の不純物とキャリヤ

炭素や金属など導電性の大きいものを導体，ガラスや樹脂など導電性の小さいものを絶縁体，これらの中間にある物質を半導体という。物質を抵抗率の大小で分類すると図 4–1 のようになる。

半導体は少量の不純物元素を導入することで導電率を制御できる。これをドーピング（doping）といい，導入される不純物をドーパント（dopant）という。N，P，As，Sb などの III 族の不純物をドナー（donor），B，Ga，Al，In などの V 族の不純物をアクセプタ（acceptor）という。ドーピングされた半導体を不純物半導体（impurity semiconductor），純粋な半導体を真性半導体（intrinsic semiconductor）という。

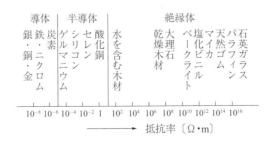

図 4–1　物質の抵抗率

　ドナーやアクセプタは半導体に電子やホールを供給する。電子とホールは電気伝導に寄与するのでキャリヤ（carrier）と呼ばれる。ドナーが多いと n 型半導体に，アクセプタが多いと p 型半導体になる。密度の高い方のキャリヤを多数キャリヤ（majority carrier），密度の低い方を少数キャリヤ（minority carrier）という。

4.1.2　エネルギー準位の帯構造，不純物準位

　電子のエネルギーをエネルギー準位（energy level）という。固体では各原子の電子軌道は微細に異なるエネルギーをもつように分裂し，密な軌道の集合となる。これを帯構造（band structure）という。固体電子のエネルギー帯には電子の存在できる許容帯（allowed band）と存在できない禁制帯（forbidden band）があり，禁制帯の幅をギャップエネルギーという。許容帯には電子で満たされている充満帯（full band）と電子が存在しない空乏帯（empty band）があり，エネルギーの最も高い充満帯を価電子帯（valance band），その次にエネルギーの高い許容帯を伝導帯（conduction band）という。

　価電子帯の上端を E_V，伝導帯の下端を E_C とすると，ギャップエネルギーは $E_g = E_C - E_V$ である。Si や Ge は $E_g \sim 1\,\mathrm{eV}$ 程度であるが，次世代パワーデバイスに用いられる SiC，GaN，ダイヤモンドなどのワイドギャップ半導体は $E_g = 3 \sim 7\,\mathrm{eV}$ 程度の値をもつ。価電子帯の電子は熱エネルギーを得て禁制帯を乗り越えて伝導帯に励起するので真性半導体でも少量ながら同数の電子とホールが存在する。禁制帯幅が大きいと熱励起される電子が減り，絶縁体に近づく。

　不純物を半導体にドープすると局在準位が現れる。これを不純物準位（impurity level）といい，伝導帯下端 E_C の直下に現れる準位 E_D をドナー準位（donor level），価電子帯上端 E_V の直上に現れる準位 E_A をアクセプタ準位（acceptor level）という。図 4–2 は，Si に様々な元素をドープしたときに生じる不純物準位である。準位差 $E_A - E_V$ や $E_C - E_D$ は 0.01\,eV 程度であり，ドナーやアクセプタは常温でほぼ全て電離し，ドナーは伝導帯に電子を供給し，

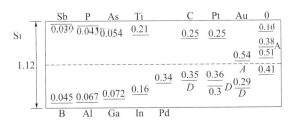

図 4–2　Si における不純物準位（単位は eV）

アクセプタは価電子帯から電子を受け入れて価電子帯にホールを供給する。

　Au，Pt，Cu，Fe，Cr，W などの重金属元素や O をドーピングする場合や半導体結晶に格子欠陥のある場合は，禁制帯の中央付近に局在準位が現れる。これを深い準位（deep level）といい，これに対しドナー準位やアクセプタ準位を浅い準位（shallow level）という。深い準位は，伝導帯の電子と価電子帯のホールを間接的に再結合させたり捕獲したりする。このため，pn 接合のリーク電流の増大やキャリヤ寿命を短くする原因となるため，深い準位の存在は望ましくない。しかし，パワーデバイスでは，後述の逆回復特性の改善のため，重金属拡散や陽子線・電子線照射で深いレベルを意図的に作り，キャリヤ寿命を制御することがある。

4.1.3　半導体の蓄積状態，空乏状態および反転状態
　電流がゼロで接地された半導体において，その一部（特に表面）だけの電位を変化させると，電位の符号と大きさによって半導体は蓄積状態，空乏状態，反転状態の 3 つの状態をとる。
　平衡状態にある p 型半導体の一部分の電位を負にすると，ホール密度は平衡密度よりも高まり，正に帯電する。この状態を蓄積状態（accumulation）という。同様に p 型半導体の一部分の電位を正にすると，ホール密度が平衡密度よりも減少し，イオン化アクセプタの負電荷のため負に帯電する。この状態を空乏状態（depletion）という。パワーデバイスがオフ状態のときの印加電圧は空乏状態の領域に加わる。また，この領域の電界がなだれ降伏が起きる臨界値 E_{crit}

を超えると破壊に至る。空乏状態から更に電位を上げると電子密度はホール密度よりも高くなる。この状態を弱反転状態（weak inversion）という。更に電位を上げると，電子密度は急激に増加し始める。この状態を強反転状態（strong inversion）という。電界効果トランジスタ（metal oxide semiconductor field effect trunsistor: MOSFET）では，半導体表面の電位を制御することで反転状態と空乏状態を生じさせてオン状態とオフ状態を作る。反転状態の領域をチャネル（channel）といい，チャネルが p 型化するものを p-MOS，n 型化するものを n-MOS という。

4.2　パワーデバイスに必要な特性

大きな電力を変換するパワー半導体は，集積回路に求められる特徴とどう違うのだろうか。本節ではパワースイッチングデバイスに必要な半導体材料，幾何構造，動作の特徴について考えてみよう。

4.2.1　伝導度変調

パワースイッチングデバイスは，オン状態では導通損失を抑えるため大きな電流を流しても電圧が低くなければならない。半導体の抵抗率はキャリヤ密度で決まるので，オン状態の抵抗を低くするにはキャリヤ密度を高くする必要がある。他方，オフ状態では高い電圧に耐えるため半導体内の電界がなだれ降伏の臨界値を超えないよう空乏層（depletion layer）中の電界を低く抑えなければならない。このため，空乏層を電界方向に広げる必要がある。これを容易にするにはキャリヤ密度を低くする必要がある。

上記の 2 つの要件は，不純物ドーピングの制御ではどちらかしか満たせないので両立できないように思えるが，そうではない。p 型と n 型の半導体を適当に配置し各領域の不純物密度に大きな違いをもたせると，オン状態では高濃度側から低濃度側へキャリヤが注入され，低密度側のキャリヤ密度は高くなる。また，オフ状態ではキャリヤの注入がないので，低濃度側はキャリヤが抜けて

いき空乏化するようになる。このように，先述の2つの要件は動的な意味で両立させることができる。オン状態で大きな電流を流し，オフ状態で高い電圧を保持する低不純物密度の領域をドリフト領域（drift region）といい，抵抗率の動的な変化を伝導度変調（conductivity modulation）という。

　パワー半導体のオフ状態とオン状態の遷移では，ドリフト領域に多量のキャリヤの移動があるので，ドリフト領域のキャリヤ密度を高める時間や注入されたキャリヤが逆戻りする時間がかかる。この期間は高電圧がかかっているにも関わらず電流が切れていないので，デバイス自身の消費電力（スイッチング損失）が増加し，デバイスの温度は動作の繰り返しに伴って上昇する。

4.2.2　半導体パワーデバイスの幾何構造

　パワーデバイスでは，オフ状態の印加電圧をドリフト領域に広がる空乏層で保持するので，電界方向へ空乏層が広がる領域を確保する必要がある。また，オン状態で大電流が流れても電圧を低く保つには，ドリフト領域の断面積を広く取り，電流の通路の抵抗を低くする必要がある。これらの要件を満たすため，パワーデバイスでは電流を基板の表面だけでなく基板の内部に流す縦型がよく用いられ，結果的にデバイスのサイズが大きくなる。他方，パワーデバイスには高電圧・大電流に耐えるだけでなく小型・低損失も同時に求められることが多いので，これら相反する要求は，デバイスの用途に応じてバランスをとり，適切な対策を施す必要がある。

4.3　ダイオード

　2個の端子をもち，その端子間の電圧—電流特性が非直線性を示す半導体装置を総称して半導体ダイオード（semiconductor diode），または単にダイオードという。電力用ダイオードにはシリコンダイオードが用いられ，動作原理の面で分類すると，ショットキーバリアダイオード（Schottky barrier diode：SBD）とpinダイオードがある。

4.3.1　ショットキーバリアダイオード（SBD）

SBD は主に n 型半導体のみからなるユニ
ポーラ素子である。図 4–3 は，電力用 SBD
の構造である。アノード金属と不純物濃度
の低い n⁻ 型のドリフト層が接触しており，
カソード側に不純物濃度の高い n⁺ 型層が
ある。

SBD では，金属の仕事関数（フェルミ準
位と真空準位の差）が半導体の仕事関数よ
りも大きいので，半導体側の空乏層が接合

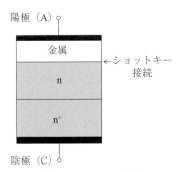

図 4–3　SBD の構造

面から広がり，エネルギー帯は上方に曲がる。このとき現れるエネルギー障壁
をショットキー障壁高さ（Schottky barrier height）といい，これが形成され
ることで整流特性が得られる。

電極間の電圧がゼロのとき，半導体から金属への電子放出とその逆は同じだ
け起こるので，電流は流れない。金属側の電極を負電圧とすると，金属側の障
壁は変化しないが（図 4–4）半導体側の障壁はエネルギー帯が上方にずれるの
で減少し，半導体からの電子放出が多くなる（順方向特性）。逆に金属側の電極
を正電圧とすると，半導体側のエネルギー帯が下方にずれ，電流は金属からの
電子放出で決まり，ほぼ一定値を示す（逆方向特性）。

SBD の障壁高さは低いので，順方向電流は低い電圧で流れ始め，高速スイッ
チングが可能となる。他方，ユニポーラ素子であるので抵抗が高く，大電流が

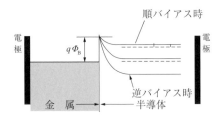

図 4–4　金属–半導体整合のエネルギー準位

流れるときのオン電圧が高い。また，鏡像効果により逆方向では電界の作用で
障壁が低くなるので，耐圧に至る前にリーク電流が増える。このため，SBD は
約 200 V より低い電圧の整流に用いられる。

4.3.2 pn 接合ダイオード

図 4–5 は，プレーナ構造の pn 接合ダイ
オードの基本構造である。図のように，p 型
領域と n 型領域を設け，それぞれに電極を
つける。

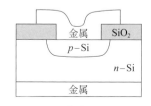

図 4–5 pn 接合ダイオードの
構造

p 型と n 型を原子レベルで接合すると，拡
散によりキャリヤの移動がおき，接合部近
傍は空乏化し，p 型側はイオン化アクセプタ
の負電荷が，n 型側はイオン化ドナーの正電荷が現れ電気二重層が形成される。
この領域を空乏層という。また，n 型に対し p 型の電位は低くなる。この電位
差を電位障壁（potential barrier）または内部電位（build-in potential）とい
う。この電位差によりキャリヤの拡散は妨げられ，空乏層は一定の厚さとなる。

pn 接合ダイオードの電流電圧特性は，図 4–6 のような整流特性を示す。ダ
イオードに電源をつなぎ，p 型側を正電位とすると，電位障壁は低くなりホー
ルは p 型から n 型へ，電子は n 型から p 型へ拡散し，電流が流れる。p 型側を
負電位にすると，電位障壁は高くなり接合面を通過するキャリヤは急激に減少
し，わずかな電流しか流れない。このとき，各領域の空乏層は広がり，電荷が
蓄積され，印加電圧のほぼ全てが空乏層に加わる。十分に大きい逆方向バイア
ス電圧を加えると電流密度は一定値を示し（逆方向飽和電流），空乏層内の電界
が臨界値を超えると破壊がおきる。

禁制帯の中心付近に深い準位がある場合，pn 接合を流れる電流は，拡散電流
だけでなく，空乏層内でのホール・電子対生成による電流が流れる。

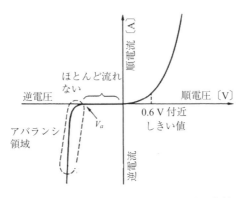

図 4-6　pn 接合ダイオードの電流電圧特性

4.3.3　pin ダイオード

pin ダイオードは p 型 n 型両種の半導体からなる
両極性素子（バイポーラ素子）である。**図 4-7** は，
電力用 pin ダイオードの構造である。アノード側に
は不純物濃度の高い p$^+$ 型層，ドリフト層は不純物
濃度の低い n$^-$ 型層，カソード側に不純物濃度の高
い n$^+$ 型層がある。[*)]

図 4-7　pin ダイオード
の構造

順方向に電圧を印加すると，ドリフト層には p$^+$
層からホールが，n$^+$ 層から電子が注入される。逆
方向に電圧を印加すると，pn 接合部からドリフト層
に向かって空乏層がのびる。オフ状態の漏れ電流は，主に空乏層中での電子・
正孔の対生成により発生する。

バイポーラ素子であるので抵抗が低く，電流が大きいときのオン電圧が低い。
他方，ポテンシャルバリアは高いので，オン状態になる電圧が高く，逆方向リーク
電流は少ない。pin ダイオードは還流ダイオード（free wheeling diode：FWD）
や高速回復ダイオード（fast recovery diode：FRD）に用いられる。

[*)]電極金属は仕事関数が半導体の仕事関数よりも小さく，オーミック接合となるものとする。

4.3.4 pin ダイオードのスイッチング過渡特性

オン状態にあるダイオードに急激に逆方向電圧を加えると，しばらくの間大きな逆方向電流が流れ，その後，定常状態に至る。この動作を逆回復（reverse recovery），逆電流が流れる時間を逆回復時間（reverse recovery time）といい，この現象をキャリヤ蓄積効果（minority carrier storage effect）という。

pin ダイオードの時間的変化においては，ドリフト領域の電荷の蓄積が重要となる。**図 4-8** は，誘導性負荷の整流において pin ダイオードが逆回復動作するときの時間変化の概形である。誘導性負荷に一定電圧を加えると電流は一定の速度で変化するので，電流は所定の逆電圧に達するまで一定の割合で減少する。

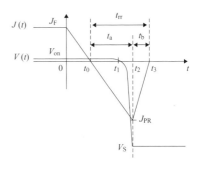

図 4-8 pin ダイオードの逆回復動作

オン状態では，ドリフト領域にはホールが p^+ 領域から，電子が n^+ 領域から注入されており，キャリヤ密度は平衡濃度（ドナー密度 N_D）よりも高い状態を保つ。この状態のダイオードをオフ状態にするには，このキャリヤをドリフト領域から取り除き，空乏領域を作る必要がある。

ドリフト領域のホールと電子は準中性を保ち，その分布は**図 4-9** ように p^+n^- 接合部の付近で高い。$t = 0$ で電流を減らし始めると，p^+n^- 接合部付近のキャリヤ密度が減少し，電流がゼロになったとき（t_0）にキャリヤの分布が平坦になる。また，p^+n^- 接合部の電子密度がゼロに達するとドリフト領域内に空間電荷領域が形成され始め（t_1），この拡大に伴い逆方向電圧が増加する。この後，逆方向電圧が外部回路で決まる供給電圧と等しくなると，空間電荷領域の拡大と電流の減少は止まる。この時点（t_2）でドリフト領域のカソード側には多くのキャリヤが残っている。この残ったキャリヤは再結合により徐々に消滅し，全て消滅したときに電流はゼロとなる（t_3）。キャリヤ寿命が短いと回復時間 t_b

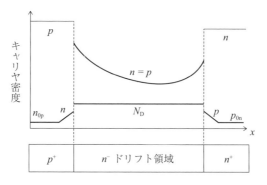

図 4–9　pin ダイオードのキャリヤ密度

が短くなり回復が早くなるという利点があるが，キャリヤ密度が低下してオン抵抗が増える，回復が早すぎてサージ電圧が出るという欠点がある。

4.4　バイポーラトランジスタ

バイポーラトランジスタ（bipolar junction transistor：BJT）は，ベース電流を流すことによってコレクタ電流を制御する電流制御型素子である。電流が電子とホールからなるバイポーラ素子であり，npn 型では電子電流，pnp 型ではホール電流が主な電流である。パワーエレクトロニクスでは npn 型が主に用いられる。直流電流増幅率が高く，スイッチング時間が短く，高電圧・大電流で使用できる。

4.4.1　基本構造

図 **4–10** は，npn 型バイポーラトランジスタの基本構造の一例であり，プレーナ構造と呼ばれている。p 型基板の表面から n 型領域と p 型領域を交互に設ける。最表面（および最下部）の n 型領域は不純物密度の高い n^+ 型領域とする。

上部 n^+ 領域の電位を n 型領域に対して低くすると，n^+ 領域から p 型領域に電子が注入され，逆向きにホールが注入される。ここで，p 型領域の電圧 V_B を

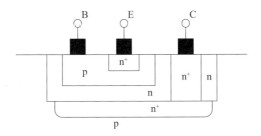

図 4–10　バイポーラトランジスタの基本構造

変化させると，p 型領域に注入される電子数が変化する。p 型領域に注入された電子は再結合で減少するが，この領域の厚さが拡散長より薄いときは生き残った電子が下部の n 型領域に回収される。その後，電子は最下部と右側の n^+ 領域を通って基板表面側に戻る。キャリヤを放出する電極をエミッタ（emitter），回収する電極をコレクタ（corrector）という。また，電圧を印加してキャリヤの流量を制御する電極をベース（base）という。

4.4.2　定常特性

トランジスタは 3 端子素子であり，1 つの端子を電位の基準に取り，他の変数の内の 2 つを与えると 3 端子全ての電流・電圧が定まる。**図 4–11** は，npn 型バイポーラトランジスタのエミッタ接地の定常特性（静特性）の一例である。バイポーラトランジスタには，エミッタベース（E–B）間とベースコレクタ（B–C）間のバイアス状態で定まる 3 つの動作モードがある。E–B 間と B–C 間がともに逆方向バイアス，すなわち $V_B < V_E$ かつ

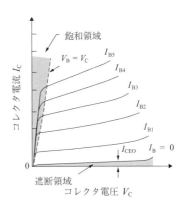

図 4–11　バイポーラトランジスタの定常特性

V_C ではコレクタ電流 I_C は流れない。この状態を遮断（cutoff）という。

E–B 間が順方向バイアスで B–C 間が逆方向バイアス，すなわち $V_B > V_E$ かつ $V_B < V_C$ のときは，コレクタ電流 I_C はコレクタ電圧 V_C に依存せずベース電流 I_B に比例する。この領域を活性領域（active region）という。この領域では I_C は I_B の数十倍以上となり，電流増幅作用をもつ。

E–B 間と B–C 間がともに順方向バイアス，すなわち $V_B > V_E$ かつ $V_B > V_C$ のときは，I_C は I_B にほとんど依存せず V_C にほぼ比例する。ベースには，コレクタとエミッタの両方から電子が注入され，これらの差が I_C，I_E に寄与する。ベースには過剰に電子が存在するため，抵抗は小さく V_C は非常に低い。また，ベースでの再結合がさかんになるため I_B が増える。この領域を飽和領域（saturation region）という。スイッチング動作を行うときは，遮断状態（オフ状態）と飽和状態（オン状態）をベース電流・電圧により制御する。

4.4.3　電力用バイポーラトランジスタの構造

npn 型パワーバイポーラトランジスタでは，高抵抗基板を用い，表面にエミッタとベース，裏面にコレクタを設け，基板内部をドリフト領域とする。すなわち，基板の内部に電流を流し，基板で絶縁を保つ。図 4–12 は，npn 型パワーバイポーラトランジスタの構造の一例である。図のように，高抵抗 n^- 型基板の裏面に n^+ 領域，基板上部に p 領域，表面に n^+ 領域を設け，それぞれをコレクタ，ベース，エミッタとする。コレクタ電圧が高いときは，n^- 領域に空乏領域が広がり電界が加わることで電圧を保持する。

電流を増やすにはエミッタの面積を増やすことが考えられるが，ベースの横方向の抵抗が増えてエミッタ電流の集中がおきるので限界がある。パワートランジスタでは，高速の小電流トランジスタを並列接続することで大電流を流す。これによりスイッチング速度や電流増幅率を低下させずに高耐圧化できる。LSI 製造用に開発された高精度パターニング技術を用い，大口径シリコンウエハ基板上に多数のベース（p 型領域）とエミッタ（n 型領域）を形成することができる。

オン状態でのコレクタ–エミッタ間電圧（オン電圧）を低くするためには大き

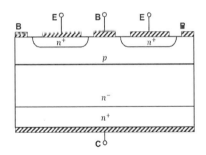

図 4–12 npn 型パワーバイポーラトランジスタの構造

めのベース電流を流す必要があるので，二段または三段のダーリントン接続とする。扱う電力が大きくなるとトランジスタの駆動回路が大型になる。高耐圧化は構造の上で限界があるので，現在では電圧駆動形の MOSFET や IGBT に置き換えられている。

4.4.4 スイッチング過渡特性

スイッチング動作を行わせるとき，ベース電流を加えてからコレクタ電流が応答するには時間がかかる。バイポーラトランジスタの時間的変化においては，ベース領域へのキャリヤの蓄積と，キャリヤがベースを通過する時間（ベース走行時間）が重要となる。**図 4–13** は，パワートランジスタの回路の一例である。最初はオフ状態であり，S_2 はオン，S_1 はオフとする。オン状態に遷移させるため，S_2 を開き S_1 を閉じると，I_B が流れ始める。

パワートランジスタは大きなドリフト領域をもつため，V_C が小さいときはその大部分が中性領域となり，残留抵抗として機能する。このため，I_B が大きいときにはドリフト領域での電圧降下が無視できなくなり，電流電圧特性曲線は**図 4–14** のように歪む。

ターンオン動作は，$I_C - V_C$ 平面上の OFF と ON の点を結ぶ動作点の軌跡として表される。軌跡は負荷に依存し，負荷が抵抗性のときの軌跡は点 A を通る直線（負荷線）となり，誘導性のときは図中の点 B と点 C を通る軌跡となる。

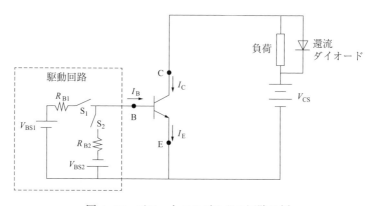

図 4–13　パワートランジスタの回路の例

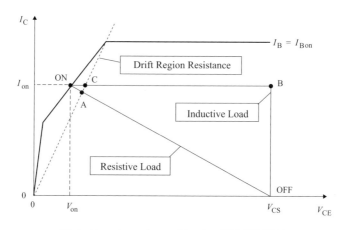

図 4–14　パワートランジスタの電流電圧特性

図 4–15 は，負荷が誘導性のときのターンオン動作時の時間変化である。最初は $V_{\mathrm{B}} = -V_{\mathrm{BS2}}$，$I_{\mathrm{C}} = 0$，$V_{\mathrm{C}} = V_{\mathrm{CS}}$ のオフ状態であり，E–B 間と C–B 間ともに逆方向バイアスされている。遮断状態から飽和状態に遷移するには，少数キャリヤがベース領域を拡散する時間（ベース走行時間）と，E–B 間容量に逆方向に充電されている電荷を打ち消して順方向にする時間を要し，I_{C} は遅れて流れ始める。

$t = 0$ で I_{B} を流し始めると，E–B 間はベース走行時間後に順方向バイアスさ

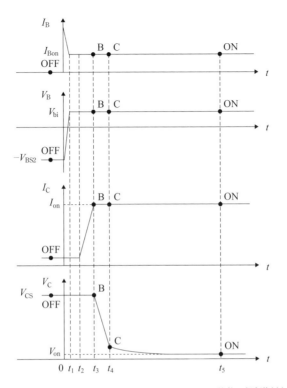

図 4–15 パワートランジスタのターンオン動作（誘導性）

れ，V_B は内部電位 V_{bi} まで上昇する。I_B は R_{B1} で制限されるため，S_1 を閉じた直後から $V_B = V_{bi}$ に達するまでの間に I_B は減少する（t_1）。その後，ベース領域に電子が注入され始め，ベース領域が電子で満たされたら I_C が増え始める（t_2）。

　負荷が抵抗性の場合は I_C の増加とともに V_C は減少する。負荷が誘導性の場合は I_C が還流ダイオードを流れるので I_C が増加しても V_C はほぼ変化しない。また，I_C は負荷側回路で定まるオン電流 I_{on} に達すると変化しなくなり，V_C は減少し始める（t_3）。その後，V_C がオン電圧 V_{on} に漸近し，パワートランジスタはオン状態となる（$t_4 \sim t_5$）。

　飽和状態から遮断状態に遷移するときは，飽和状態はベース領域の少数キャ

リヤが過剰な状態なので過剰キャリヤの掃き出しに時間がかかる。この時間を
蓄積時間（storage time）という。

4.5　電界効果トランジスタ

　電界効果トランジスタ（field effect transistor：FET）は，ゲート電極に電
圧を印加することによってドレイン電流を制御する電圧制御型素子である。電
流が電子またはホールからなるユニポーラ素子であり，パワーエレクトロニク
スでは n チャネル型が用いられる。FET には接合型（junction FET）と絶縁
ゲート型（insulated gate FET）があり，絶縁ゲート型には絶縁層にシリコン
酸化膜を用いた金属–酸化膜–半導体構造の MOSFET がある。FET にはエン
ハンスメント型とデプレッション型があるが，電力用のスイッチング素子には
安全性の観点からエンハンスメント型が用いられる。絶縁層（酸化膜）が電流
を流さないので駆動電流が小さく，バイポーラトランジスタと比べて高速動作
が可能である。一方，電流がチャネルに集中するため，電流密度が高くなり，オ
ン電圧が高くなり，大容量化は難しくなる。

4.5.1　基本構造
　図 4–16 は，n チャネル MOSFET（n-MOS）の基本構造である。半導体基
板の表面に絶縁層を介して電極を設け，その両側に n 型領域を設ける。
　上部電極に正の電圧 V_G を印加すると，絶縁層の直下の半導体が空乏化し，V_G
が閾値 V_T を超えると絶縁層/半導体界面が反転状態になる。このとき，2 つの
n 型領域間に電圧 V_D を加えると，一方は電子を放出し，他方は電子を回収する。
キャリヤを放出する電極をソース（source），回収する電極をドレイン（drain）
という。また，上部電極をゲート（gate），電流を流す反転層をチャネル（図
4–16 の市松模様▓▓▓の部分）という。

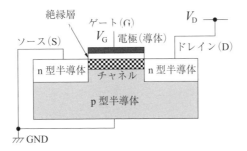

図 4–16　MOSFET の基本構造

4.5.2　定常特性

　MOSFET は 3 端子素子であり，ソースを接地し，ゲート電圧 V_G とドレイン電圧 V_D を与えると 3 端子全ての電流が定まる。**図 4–17** は，MOSFET のソース接地の定常特性（静特性）の一例である。MOSFET には，V_G，V_D および閾電圧 V_T の大小関係で定まる 3 つの動作モードがある。$V_G < V_T$ ではチャネルは存在せず，ドレイン電流 I_D は流れない。この状態を遮断（cutoff）という。

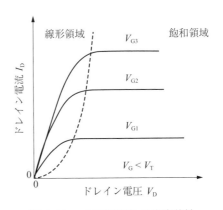

図 4–17　MOSFET の定常特性

　$V_G > V_T$ ではチャネルが生じ，ドレインに電圧を加えるとチャネルは抵抗として働き，電流が流れる。V_D が小さいときはその増加とともに I_D は増加する。この領域を線形領域（linear region）という。線形領域でのドレイン電流 I_D は次式で表される。

$$I_D = \frac{Z\mu_e C_0}{2L}\left\{(V_G - V_T)V_D - \frac{1}{2}V_D^2\right\} \tag{4.1}$$

　ここで，Z，μ_e，C_0，L は，チャネル幅，電子の移動度，単位面積あたりの絶縁層容量，チャネル長である。V_D の増加とともにチャネルはドレイン側で狭

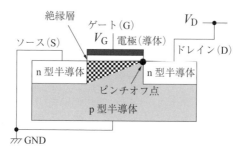

図 4–18　飽和領域における MOSFET

くなり，$V_{\mathrm{G}} - V_T$ に達すると**図 4–18** のようにドレイン端でチャネルが消失し，$V_{\mathrm{G}} - V_{\mathrm{T}}$ を超えると I_{D} はほぼ一定となる。この領域を飽和領域（saturation region）またはピンチオフ領域（pinch-off region）といい，$V_{\mathrm{G}} - V_{\mathrm{T}}$ をピンチオフ電圧，チャネルの消失点をピンチオフ点という。ピンチオフ領域でのドレイン電流 I_{D} は次式で表される。

$$I_{\mathrm{D}} = \frac{Z\mu_{\mathrm{e}}C_{\mathrm{O}}}{2L}(V_{\mathrm{G}} - V_{\mathrm{T}})^2 \tag{4.2}$$

飽和領域では，ドレインの近傍が空乏状態となり，空間電荷とドレイン電圧による電界が強くなるので，チャネルが消失しても電子は電界に引かれて高速でドレインに吸収される。

4.5.3　電力用 MOSFET の構造

電力用 MOSFET は，ソース–ドレイン間の距離が 2 種類のドーパントの拡散距離の差により自己整合的に定まる DSA-MOSFET（diffusion self-align MOSFET）が基本形となっており，電流が基板内部を流れる縦型と，基板表面に沿って流れる横型がある。縦型にはプレーナゲート型とトレンチゲート型があり，プレーナ型は D-MOSFET（double-diffused MOSFET），トレンチ型は溝の断面形状から V-MOSFET および U-MOSFET と呼ばれている。横型は LDMOS（lateral double-diffused MOS）といい，集積型として用いられ，制御用 CMOS 等が同一基板に搭載されることもある。

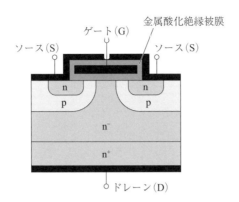

図 4–19　プレーナゲート構造の MOSFET

① プレーナゲート構造

図4–19 は，プレーナゲート構造のパワー MOSFET である。n^+ 型基板上に n^- 層をエピタキシャル成長で設け，あとでゲート電極を設ける位置に SiO_2 などでマスクを形成し，p 型と n 型の不純物拡散を行う。これらの不純物の拡散速度の差，および拡散時間で p 型領域（チャネル長）が定まる（n チャネル型）。

オン状態での抵抗はドリフト領域の抵抗に依存し，耐圧はドリフト層の厚さで決まるので，オン抵抗の低減と高耐圧化はトレードオフの関係にある。この問題の解決として，オン抵抗を下げるためにドリフト領域の不純物濃度を高めつつオフ状態でドリフト領域を完全に空乏化できる構造をもつ SJ（super junction）- MOSFET がある。

② トレンチゲート構造

図4–20 は，トレンチゲート構造のパワー MOSFET である。n^+ 基板上に n^- 層をエピタキシャル成長で設け，p 型

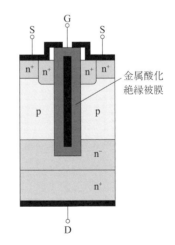

図 4–20　トレンチゲート構造の MOSFET

と n 型の不純物の拡散を行うと，n$^+$ 層と p 層ができる。p 型層の厚さがチャネル長を定める。その後，SiO$_2$ などでマスクを形成して基板を溝状にエッチングし，ゲート酸化膜を形成してゲート電極を構成する。D-MOS の電流通路には p 領域に挟まれた JFET 構造があるが，トレンチゲート型ではこれがないので，オン抵抗が D-MOS よりも低く抑えられる。また，1 つの MOSFET の占める幅が狭いので，限られた面積に多数の MOSFET を製作できる。

4.5.4　スイッチング過渡特性

MOSFET の時間的変化においては，チャネル–ゲート間などの静電容量への電荷の蓄積と，キャリヤがチャネルを横切るのに要する時間が重要となる。図 **4–21** は，プレーナゲート構造 MOSFET における結合容量と等価回路である。ゲート–ソース間容量 C_{gs} はゲート酸化膜容量，ゲート–ドレイン間容量 C_{gd} はゲート酸化膜容量とドリフト層の空乏層容量の直列接続，ドレイン–ソース間容量 C_{ds} はドリフト層の空乏層容量である。ドリフト層の空乏層容量は印加電圧によって変化するので，C_{gd} と C_{ds} には電圧依存性がある。

ドレイン電流 I_D から結合容量を流れる電流を除いたものを $\bar{I}_D$，ゲート電圧とドレイン電圧を V_G，V_D とすると，ドレイン電流 I_D とドレイン電流 I_G は次式で表される。

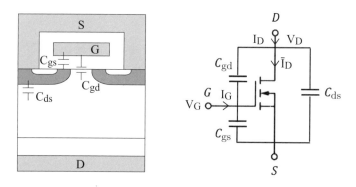

図 4–21　MOSFET の結合容量と等価回路

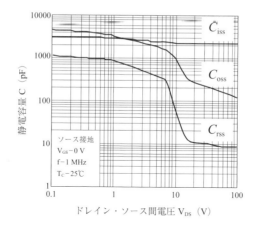

図 4–22 MOSFET の結合容量の変化[5]

$$I_\mathrm{G} = C_\mathrm{iss}\frac{dV_\mathrm{G}}{dt} - C_\mathrm{rss}\frac{dV_\mathrm{D}}{dt}, \quad I_\mathrm{D} = \bar{I}_\mathrm{D} - C_\mathrm{rss}\frac{dV_\mathrm{G}}{dt} + C_\mathrm{oss}\frac{dV_\mathrm{D}}{dt} \quad (4.3)$$

ここで, $C_\mathrm{iss} = C_\mathrm{gd} + C_\mathrm{gs}$ は入力容量, $C_\mathrm{rss} = C_\mathrm{gd}$ は帰還容量, $C_\mathrm{oss} = C_\mathrm{gd} + C_\mathrm{ds}$ は出力容量であり, $\bar{I}_\mathrm{D}$ は V_G と V_D の関数である。**図 4–22** は, C_iss, C_rss, C_oss の V_G 依存性である。C_rss と C_oss はゲート電圧により大きく変化する。

MOSFET をオフ状態からオン状態に遷移させるには, ゲート電流を流し, 結合容量を充電することでゲート電極を閾値以上にする。**図 4–23** は, MOSFET のゲート端子に一定の電流を流したときのターンオン動作の時間変化である。最初は $V_\mathrm{G} = 0$, $I_\mathrm{D} = 0$, $V_\mathrm{D} = V_\mathrm{DS}$ のオフ状態であり, C_gs の電荷はゼロ, C_gd は電圧 V_DS で充電されている。

$t = 0$ でゲートに一定電流を流し始めると, オフ時の V_D は一定なのでゲート電流は C_iss を流れ, V_G は直線的に上昇する。V_G が閾値 V_T に達すると I_D が流れ始め, V_G の増加に伴い I_D は式 (4.2) に従って増加する ($t_1 \sim t_2$)。I_D が外部回路で定まるオン電流 I_on に達すると, I_D と V_G はほぼ一定になる。このときの V_G をゲートプラトー電圧, V_G が一定の期間をミラー期間という ($t_2 \sim t_3$)。この期間にはゲート電流は C_rss を流れ, V_D は減少する。C_rss は V_D に強く依存するので, V_D の減少は直線的ではない。V_D がオン電圧 V_on に近づくと, ゲー

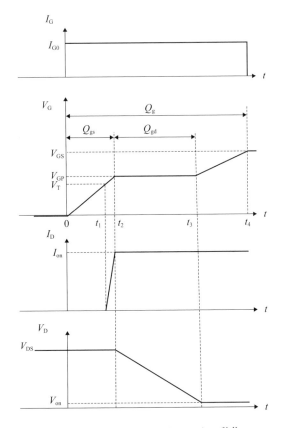

図 4–23　MOSFET のターンオン動作

ト電流は C_{iss} を流れ，V_{G} は再び直線的に上昇し始める（t_3）。その後，ゲート回路で定まる最大のゲート電圧 V_{GS} に達すると，ゲート電流はゼロになり V_{G} は上昇しなくなる（t_4）。

　MOSFET をオン状態からオフ状態に遷移させるときは，ターンオン動作で充電した電荷を放出させるため，負のゲート電流を流す。電荷の放出に伴って MOSFET はターンオン動作と逆の変化をたどり，チャネルは消失しドレイン電流はゼロになる。

4.6 次世代パワーデバイス

　次世代パワーデバイスの材料として，シリコンよりもバンドギャップの広い材料が期待されている。現在実用化されている材料や研究開発が行われている主な材料として SiC，GaN，Ga_2O_3，ダイヤモンドがある。主なパワーデバイス材料の物性値を**表 4-1** に示す。

表 4-1　主な半導体とその物性値

	Si	SiC	GaN	Ga_2O_3	ダイヤモンド
バンドギャップ eV	1.1	3.3	3.4	4.5-4.9	5.5
絶縁破壊電 MV/cm	0.3	2.5	3.3	8	20
電子移動度 cm^2/Vs	1400	1000	1200	300	3800
比誘電率	11.8	9.7	9.0	10	5.7
熱伝導率 W/cmK	1.5	2.7	2.1	0.27	22

4.6.1　バンドギャップが広いことの利点

① 高温での動作が可能になる：真性密度（真性半導体のキャリヤ密度）n_i は，ギャップエネルギー E_g を用いて次のように表される（N_V，N_C は価電子帯，伝導帯の有効状態密度）。

$$n_i = \sqrt{N_V N_C} \exp\left(-\frac{E_g}{2k_B T}\right) \tag{4.4}$$

高温では電子-ホール対が増え，ドーパントが供給する電子・ホールの量よりも多くなり，p 型 n 型の区別がなくなり，デバイスは動作しなくなる。しかし，E_g の大きい半導体では電子-ホール対が増えにくくなり，デバイスはより高温で動作するようになる。

② 絶縁破壊電界が高くなる：半導体中の電界が大きくなると，キャリヤの運動エネルギーが大きくなり，格子衝突によって電子-ホール対を発生させるようになる。このとき，価電子帯の電子は伝導帯に励起されるが，このイオン化に

必要な運動エネルギーはバンドギャップが大きいと大きくなる。従って，なだれ過程がおこるには，より高い電界でより多くの運動エネルギーを電子が得る必要がある。このため，バンドギャップが大きいと絶縁破壊電界が高くなる。

4.6.2　炭化ケイ素 SiC

炭化ケイ素は Si と C からなる結晶である。単位包からなる層が c 軸方向に対し周期的に積み重なる構造を持ち，代表的なものとして 3C–SiC，4H–SiC，6H–SiC がある。ここで，始めの数字は 1 周期あたりの層数，次の C，H は結晶系の頭文字であり立方晶（cubic），六方晶（hexagonal）を表す（Ramsdell 表記法）。3C は閃亜鉛鉱（zincblend），2H はウルツ鉱（wurzite）である。

SiC は絶縁破壊電界 E_C が Si の約 10 倍大きいので，耐圧が同じ場合にドリフト領域の厚さを 10 分の 1 程度にでき，キャリヤ密度は高くなるのでオン抵抗を大幅に低くできる。また，1000 V 以上の電圧でスイッチングの速いユニポーラデバイスを作ることができ，スイッチング周波数を上げることができる。現在では MOSFET だけでなく，IGBT，GTO，PIN ダイオードなどのバイポーラデバイスが開発されており，構造や使用方法は Si デバイスとほぼ変わらない。

他方，SiC デバイスでは MOS 界面の制御が課題である。絶縁膜は熱酸化により形成するため，MOS 界面には元々は C が存在していた位置に格子欠陥が生じ，チャンネルでの移動度の低下や，界面準位の存在によりしきい値電圧の変動があり，SiC のもつ物性が十分に生かされていない。このため，ゲート電圧の駆動範囲などに制限があり，使用には工夫が必要である。

4.6.3　その他のパワーデバイス材料の得失

① 窒化ガリウム GaN：GaN は当初は青色発光ダイオードや高周波デバイス用材料として開発された材料であるが，1995 年頃からパワーデバイスに応用され，その後縦型デバイスが開発された。AlGaN/GaN ヘテロ接合の界面に分極作用によって高移動度・高電子密度の二次元電子ガス（2-dimensional electron gas：2DEG）層が生じ，低オン抵抗の高電子移動度トランジスタ（high electron mobility transistor：HEMT）が形成される。一方，2DEG が存在するため，ノーマリーオフ型のデバイスの製作は難しい。また，大型の単結晶基板の製作が困難であり，Si，SiC，サファイア基板上にエピタキシャル成長によって作られる。

② 酸化ガリウム Ga_2O_3：Ga_2O_3 はバンドギャップが 4.5 eV を超え，絶縁破壊電界が 8 MV/cm 以上と推定されており，SiC や GaN を超える材料として期待されている。また，融液成長法により単結晶基板作ることができることから製造コストが抑えられ，産業化の面で有利という特徴がある。一方，バンドギャップが大きいことから，絶縁膜/Ga_2O_3 界面において絶縁膜に非常に大きなバンドギャップが求められるので，絶縁膜材料の種類が限られる。

③ ダイヤモンド：ダイヤモンドはバンドギャップが 5.5 eV と非常に大きく，移動度が高く，非常に高い不純物ドーピングが可能な材料である。また，熱伝導率が様々な物質で最も高く，高温動作に優れている。一方，n 型の不純物ドーピングによる導電率制御が困難であり，p 型のユニポーラデバイスにしか使えない。また，大型の単結晶基板の製作が困難であり，良好な界面特性をもつ絶縁膜がない。

演 習 問 題

(1) 次の原子において，価電子の数を求めよ（カッコ内の数は原子番号）。

$$B(5) \quad Si(14) \quad P(15)$$

(2) 下記の物質の内，シリコンにドーピングすると n 型半導体になるものと p 型半導体になるものを求めよ（カッコ内の数は原子番号）。

$$B(5) \quad N(7) \quad Al(13) \quad P(15) \quad As(33) \quad Sb(51)$$

(3) 次の文章は，半導体の pn 接合に関する記述である。文中の [ ] に当てはまる最も適切なものを解答群の中から選びなさい。

シリコン（ケイ素）の純粋な単結晶に [(1)] 価の元素である微量のホウ素を加えると p 形半導体ができる。同様にリンや [(2)] を加えると n 形半導体ができる。p 形半導体と n 形半導体を接合すると，p 形半導体における多数キャリヤである [(3)] がn 形半導体に拡散しないように，また n 形半導体における多数キャリヤも p 形半導体に拡散しないように電位差が生じ，その接合面に [(4)] ができる。このとき p 形半導体を接地し，n 形半導体に [(5)] 電圧を印加するとよく電流が流れるが，電圧の印加方向を逆方向にすると電流が流れにくくなる。これが pn 接合による整流作用である。

【解答群】

（イ）正の　（ロ）ゲルマニウム　（ハ）アクセプタ　（ニ）5

（ホ）電子　（ヘ）3　（ト）空乏層　（チ）正孔

（リ）ガリウム　（ヌ）反転層　（ル）負の　（ヲ）ゼロ（零）

（ワ）4　（カ）蓄積層　（ヨ）ヒ素　［電験 II 平成 26 年・理論］

(4) 電力用 pin ダイオードにおける伝導度変調を説明せよ。

(5) 図 4–15 の波形を直線近似し，スイッチング損失を求めよ。

(6) p チャネル型 MOSFET の蓄積状態，空乏状態および反転状態におけるバンド図を記せ。

(7) 図 4–19 と図 4–20 において，MOSFET がオン状態になったときにチャネルの現れる位置を図示せよ。

(8) 式（4.3）を導け。

(9) 図 4–23 の波形を直線近似し，スイッチング損失を求めよ。

(10) 次世代パワーデバイス材料としてバンドギャップの広い SiC, GaN, Ga_2O_3, ダイヤモンドが期待されている。バンドギャップが広いことに実用上どのような利点があるか。

演習解答

(1) 電子殻 K, L, M, N ($n = 1, 2, 3$) に収容できる電子は 2, 8, 18, 32 ($2n^2$) なので，価電子の数は B は $5 - 2 = 3$ 個，Si は $14 - (2 + 8) = 4$ 個，P は $15 - (2 + 8) = 5$ 個

(2) 価電子の数が 3 の原子は P 型，5 の原子は N 型になる。B, N, Al, P, As の価電子の数は 3, 5, 3, 5, 5 ($= 33 - (2 + 8 + 18)$)。Sb は遷移元素であり，N 殻の電子数が M 殻の最大値 18 に達すると残りの電子は O 殻に入る。従って，$51 - (2 + 8 + 18 + 18) = 5$

(3) (1) ヘ　(2) ヨ　(3) チ　(4) ト　(5) ル

(4) 本章の **4.2.1** を参照のこと。

(5) スイッチング損失は電圧・電流が OFF 状態から ON 状態になる間の素子の消費電力なので，点 C の電圧を V_{on} とみなすと，$t = t_2 \sim t_4$ での $V_C I_C$ の時間積分である。OFF 電流を I_{off} とすると，

$$E_{loss} = \int_{t_2}^{t_4} V_C I_C dt = \int_{t_2}^{t_3} V_{CS} I_C dt + \int_{t_3}^{t_4} V_C I_{on} dt$$
$$= \frac{1}{2} V_{CS}(I_{on} + I_{off})(t_3 - t_2) + \frac{1}{2}(V_{CS} + V_{on})I_{on}(t_4 - t_3)$$

(6) 蓄積状態，空乏状態および反転状態のバンド図は **解答図 4–1** の通り。ここで，E_V は価電子帯の上端，E_C は伝導帯の下端，E_F はフェルミ準位，E_i は真性準位（真性半導体のフェルミ準位）である。

　基板に対するゲート電極の電位 V を変化させたとき，$V > 0$ で蓄積状態，$V < 0$ で空乏状態および反転状態となり，E_i が E_F よりも下になると界面は反転状態になる。半導体に正の電位を加えると，電子は負のエネルギーをもつので，エネルギー準位図は下にずれる。このため，酸化膜の E_C は $V > 0$ で右下がり，$V < 0$ で右上がりとなる。

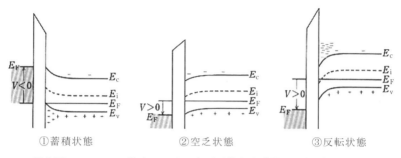

解答図 4–1　MOS 構造における表面電位と半導体の状態（p 型基板）

①蓄積状態　　　　②空乏状態　　　　③反転状態

（7）チャネルは図中の市松模様 ▨ の位置に現れる。

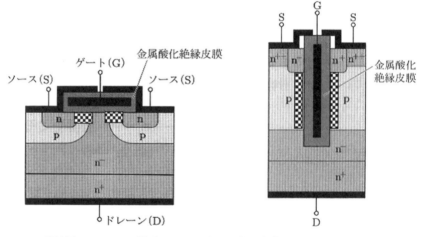

解答図 4–2　MOS 構造における表面電位と半導体の状態（p 型基板）

（8）結合容量を C_{gd} と C_{gs} に流れる電流は，それぞれに加わる電圧を V_{gd}，V_{gs} とすると，$C_{\mathrm{gd}}\frac{dV_{\mathrm{gd}}}{dt}$，$C_{\mathrm{gs}}\frac{dV_{\mathrm{gs}}}{dt}$ である。ソース接地では $V_{\mathrm{gd}} = V_{\mathrm{G}} - V_{\mathrm{D}}$，$V_{\mathrm{gs}} = V_{\mathrm{G}}$ なので，ゲート電流は

$$I_{\mathrm{G}} = C_{\mathrm{gd}}\frac{dV_{\mathrm{gd}}}{dt} + C_{\mathrm{gs}}\frac{dV_{\mathrm{gs}}}{dt} = C_{\mathrm{gd}}\frac{dV_{\mathrm{G}}}{dt} - C_{\mathrm{gd}}\frac{dV_{\mathrm{D}}}{dt} + + C_{\mathrm{gs}}\frac{dV_{\mathrm{G}}}{dt}$$

$C_\mathrm{iss} = C_\mathrm{gd} + C_\mathrm{gs}$, $C_\mathrm{rss} = C_\mathrm{gd}$ とおくと式 (4.3) の 1 つ目の式になる。また，結合容量を C_ds に流れる電流は，加わる電圧を V_ds とすると，$C_\mathrm{ds}\frac{dV_\mathrm{ds}}{dt}$ である。ソース接地では $V_\mathrm{ds} = V_\mathrm{D}$ なので，ドレイン電流は

$$I_\mathrm{D} = \bar{I}_\mathrm{D} - C_\mathrm{gd}\frac{dV_\mathrm{gd}}{dt} + C_\mathrm{ds}\frac{dV_\mathrm{ds}}{dt} = \bar{I}_\mathrm{D} - C_\mathrm{gd}\frac{dV_\mathrm{G}}{dt} + C_\mathrm{gd}\frac{dV_\mathrm{D}}{dt} + C_\mathrm{ds}\frac{dV_\mathrm{D}}{dt}$$

$C_\mathrm{rss} = C_\mathrm{gd}$, $C_\mathrm{oss} = C_\mathrm{gd} + C_\mathrm{ds}$ とおくと式 (4.3) の 2 つ目の式になる。

(9) スイッチング損失は電圧・電流が OFF 状態から ON 状態になる間の素子の消費電力なので，$t = t_1 \sim t_3$ での $V_\mathrm{D}I_\mathrm{D}$ の時間積分である。

$$E_\mathrm{loss} = \int_{t_1}^{t_3} V_\mathrm{D}I_\mathrm{D}dt = \int_{t_1}^{t_2} V_\mathrm{DS}I_\mathrm{D}dt + \int_{t_2}^{t_3} V_\mathrm{D}I_\mathrm{on}dt$$
$$= \frac{1}{2}V_\mathrm{DS}I_\mathrm{on}(t_2 - t_1) + \frac{1}{2}(V_\mathrm{DS} + V_\mathrm{on})I_\mathrm{on}(t_3 - t_2)$$

これより，ミラー期間が長いと損失が大きくなることがわかる。

(10) 本章の **4.6.1** を参照のこと。

引用・参考文献

1) B. Jayant Baliga : Fundamentals of Power Semiconductor Devices, Springer, 1995.
2) 浅田邦博：はかる×わかる半導体 パワーエレクトロニクス編，日経 BP コンサルティング，2019.
3) 佐久川貴志：パワーエレクトロニクス，森北出版，2020.
4) 江間敏，高橋勲：パワーエレクトロニクス，コロナ社，2021.
5) 東芝デバイス＆ストレージ株式会社：パワー MOSFET 電気的特性 アプリケーションノート
https://toshiba.semiconstorage.com/info/application_note_ja_20230209_AKX00018.pdf?did=13410
6) S. M. Sze : Physics of Semiconductor Devices, Wiley-Interscience, 1981.
7) S. M. Sze : Semiconductor Devices Physics and Technology, John Wiley and Sons.inc., 2002.
8) 古川静二郎，松村正清：電子デバイス I，昭晃堂，1979.
9) 古川静二郎，萩田陽一郎，浅野種正：電子デバイス工学，森北出版，1990.

10) 大豆生田利章：半導体デバイス入門，電気書院，2010.

11) 安永守利：集積回路工学，森北出版，2016.

12) 岸野正剛著：半導体デバイスの物理，丸善株式会社，1995.

13) 垂井康夫：半導体デバイス，電気学会，1999.

14) 山本秀和：パワーデバイス，コロナ社，2012.

15) 山本秀和：ワイドギャップ半導体パワーデバイス，コロナ社，2015.

16) 田中保宣：次世代パワー半導体デバイス・実装技術の基礎，科学情報出版，2021.

17) 岩室憲幸：車載機器におけるパワー半導体の設計と実装，科学情報出版，2021.

5章　パワーエレクトロニクス用
半導体デバイス

　本章では4章に引き続き，半導体デバイスについて学ぶ。前章での学習を基礎として，IGBT，サイリスタ，GTO，パワーモジュールなどについて解説している。各素子が，どのような働きをして，どのように扱うか，適切な使用用途を見極められることを目標としながら理解に努めよう。

5.1　IGBT　(insulated gate bipolar transistor)

　IGBTは，MOSFETとBJTの特性を兼ね備えたパワー半導体デバイスの一種である。電源，モータ制御，再生可能エネルギーシステムなど，幅広い用途で電気信号のスイッチングや増幅に使用される。

　図5–1にIGBTの基本構造と等価回路を示す。IGBTは，MOSFETと似た構造をしており，基本的にMOSFETはn^+–n^-基板であるのに対し，IGBTはp^+–n^+–n^-基板となるのが特徴である。そのため，IGBTとMOSFETは同じようなプロセスで製造される。

　IGBTの等価回路を見ると，pnpトランジスタとnpnトランジスタが結合してサイリスタ構造を形成している。しかし，その構造からわかるように，npnトランジスタのベースとエミッタを短絡している（Pベース層内の抵抗を介する）ため，サイリスタが機能しない構造になっている。従って，IGBTの動作原理は，エンハンスメントNチャンネルMOSFETを入力段，pnpトランジスタを出力段とする反転ダーリントン回路と等価とみなすことができる。IGBTはMOSFETとpnpトランジスタのモノリシック構造であるため，等価回路による動作に加え，n^-領域の導電率変調が特徴的な動作となる。p^+–n^+領域からn^-領域に注入される正孔（少数キャリア）により，n^-領域の導電率変調が発生

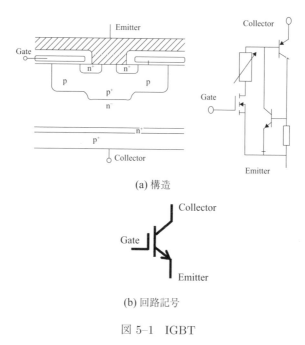

(a) 構造

(b) 回路記号

図 5-1　IGBT

し，MOSFET のドレイン–ソース間抵抗が減少する。このようにして，IGBT は高耐圧 MOSFET では困難な低オン電圧降下（低飽和電圧）を実現する。

　IGBT のもつ高速なスイッチング動作は，パルス幅変調やローパスフィルタによる複雑な波形の合成が可能で，音響システム，産業制御システムなどのスイッチングアンプにも使用されている。スイッチング用途では，超音波領域の周波数に相当するパルス繰り返し周波数を実現しており，アナログオーディオアンプとして使用した場合，オーディオ周波数の 10 倍以上の周波数に対応している。このように IGBT は，高電圧・大電流処理能力，高速スイッチング速度，低損失など，他のパワー半導体にはない優れた特性をもっている。BJT や MOSFET よりも堅牢で信頼性が高く，過酷な環境下での使用に適しているといえる。

5.2　サイリスタ（thyristor）

　サイリスタは，図 5-2 に示す 4 層 3 電極の半導体デバイスで，オフ時にはいずれかの極性の電流を遮断する制御ダイオードと見なせる。ゲート電流を加えた状態で順方向バイアスによってターンオンさせると，アノード電流が保持電流 I_H を超えている限り，サイリスタは通常のダイオードとして動作する。7 章で説明する位相制御整流器など，複数のサイリスタを使用するコンバータでは，本デバイスによって整流が行われる。複数あるサイリスタの 1 つがターンすると，別のサイリスタがオフし，その制御が繰り返し行われることで整流が行われる構造となっている。

　サイリスタは，ゲート G とカソード C の間に接続された外部電源から供給されるゲート電流 I_G によってサイリスタがターンオンとなる。また，アノード・カソード間の順方向電圧が高い場合や，その電圧が急激に変化する場合も，意図しないターンオンの原因となる。サイリスタの電圧–電流特性を図 5-3 に示す。ゲート電流がない状態で（$I_G = 0$），サイリスタに順方向電圧を印加し，順

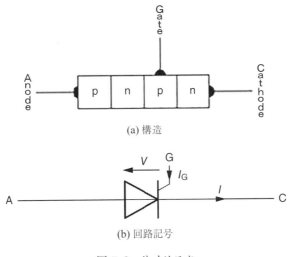

(a) 構造

(b) 回路記号

図 5-2　サイリスタ

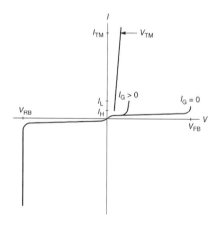

図 5-3 サイリスタの電圧電流特性

方向ブレークオーバー電圧 V_{FB} を超えると，順方向リーク電流はラッチ電流 I_{L} まで増加し，サイリスタは導通を開始する。ゲートを介して中央の p 型層に電流を流すと，順方向の降伏電圧が実際の印加電圧よりも低い値になり，ターンオンが制御される。

　サイリスタはどちらの極性の電圧も遮断することができるため，トランジスタ等に使用される記号とは多少異なるが，前節で挙げたダイオードのパラメータのほとんどはサイリスタにも共通である。そのため，オン状態の場合，"F" の代わりに "T" という添え字が使用される。例えば，最大順方向電圧降下を V_{FM} の代わりに V_{TM} で表す。

　順方向の遮断状態に関する値には，"D" で始まる添え字を付けるのが一般的である。例えば，V_{DRM} は，ブロッキングサイリスタの順方向繰り返しピーク電圧の最大許容値を表し，ゲート信号がなければターンオンしない。通常，$V_{\mathrm{DRM}} = V_{\mathrm{RRM}}$ となる。サイリスタのデータシートには，カソード–アノードに関するパラメータに加えて，ターンオンに必要な直流ゲート電流と電圧（正確にはゲート–カソード間電圧）が記載されており，それぞれ I_{GT}，V_{GT} と指定されている。また，サイリスタのデータシートは，一般的なカタログよりも詳細であり，瞬時のゲート電流と電圧を軸としたターン領域の図が必ず記載されて

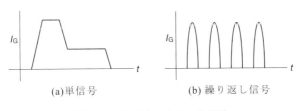

(a)単信号   (b) 繰り返し信号

図 5–4　サイリスタゲート信号

いる。サイリスタのゲート電流は，用途に応じて**図 5–4**に示すように，ゲート
電圧 V_G の単一または繰り返しのパルス状の信号で与えられる。なお，繰り返
しパルスは，高周波の正弦波電圧を整流によって生成される。通常，数 kHz 以
上の周波数であり，一連のマルチパルスに数十個の半波長正弦波パルスが含ま
れることもある。通常，このようなマルチパルスは，単一のパルスではターン
オンが確実でない場合に使用される。

　大容量サイリスタのゲート電流は 0.1～0.3 A 程度で，電流利得（アノード電
流とゲート電流の比）は数千にもなる。このときに重要なパラメータの 1 つは，
ゲート電流を流さずにターンオンできるアノード電圧の最小変化率を表すパラ
メータ，臨界オフ電圧上昇率 dv/dt である。また，データシートには繰り返し
動作の最大許容値として，臨界オン電流上昇率 di/dt も記載されている。サイ
リスタへゲート信号を伝えると，ゲート近傍からアノード電流の伝導領域が拡
がっていく。このとき，アノード電流の上昇率の制限が必要となる。さもなけ
れば，初期の小さな導通領域で過大な電流密度が発生し，スポット過熱やデバ
イスの永久的な破損を引き起こすことになる。

　また，サイリスタのデータシートには，2 つの時間パラメータが記載されて
いる。ターンオン時間 t_{on} は，ゲート信号が印加された瞬間から，アノード電
圧が最大値の 10％に低下する時間である。このターンオン時間は，ターンオン
開始からアノード電圧が初期値の 100％から 90％に低下するまでの遅延時間と，
90％から 10％への電圧降下時間の 2 つで構成される。また，オン時間はアノー
ド電流で定義することもできる。この場合，ターンオンの瞬間から電流が最大
値の 10％まで上昇するまでの遅延時間と，電流が最大値の 90％まで上昇する電

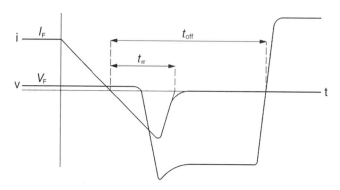

図 5-5　サイリスタの状態変化時のアノード電圧 V_F と電流 I_F

流上昇時間の和になる。一般的なオン時間は数マイクロ秒のオーダーであり，ゲートへ入力するパルスは一桁程度長くする必要がある。

　もう 1 つの時間パラメータであるターンオフ時間 t_{off} については，**図 5-5** に示すように，いわゆる強制的にターンオフさせた場合のアノード電圧と電流の波形から定義される。

　強制整流は，導電性サイリスタに逆バイアス電圧を印加してアノード電流を反転させることで実現される。逆回復が終わっても，サイリスタが順方向遮断能力を回復するために，負のアノード電圧をしばらく維持する必要がある。サイリスタは通常，位相制御型とインバータ型に分類される。インバータ用サイリスタはパワーインバータに使用され，整流器や交流電圧制御装置など 60 Hz の用途に設計された位相制御用サイリスタより大幅に高速である。

　パワーダイオードおよび大容量サイリスタは，ゲートによるターンオフ動作はできないものの大容量をスッチングできる半導体パワースイッチである。標準的な位相制御用サイリスタは，10 kV，10 kA を超える高い定格で流通している。また，高速スイッチングのインバータグレードのサイリスタにおいても，最大で数 kV，数 kA の定格をもつ。これ以外にも，HVDC 送電（直流高電圧送電）に使用される特殊な光作動型サイリスタなどが存在するが，その定格電圧と電流は，通常の位相制御サイリスタとほぼ同じである。

5.3 TRIAC （triode for alternating current）

　トライアックは，図 5–6 のように内部構造はサイリスタ 2 個と全く同一ではないものの，電気的にはサイリスタ 2 個を逆並列に接続した半導体素子である。このように双方向に電流を流すことができるため，電源電極は陽極と陰極ではなく，単に主端子 1（T1），主端子 2（T2）と呼ばれる。ゲート信号はゲートと第 1 端子の間に印加される。トライアックは正または負のゲート電流によってオンすることができ，伝導電流の方向は電源電圧の極性に依存する。一対の等価なサイリスタと比較すると，トライアックはターンオフ時間が長く，dv/dt が低く，電流利得が低い。しかし，照明や暖房の制御，ソリッドステートリレー，小型モータの制御など，特定の用途では，そのコンパクトな構造が有利となり使用されていることも多い。その電圧と電流の定格は，それぞれ数 kV，数百 A 程度である。

　中でもトライアックと機能的に類似している，いわゆる双方向制御サイリスタ（BCT）が存在するが，この BCT は，1 枚のシリコンウェハー上に 2 つの逆並列サイリスタのようなデバイスを集積したものである。トライアックとは異なり，構成するサイリスタが個々にトリガーされることが特徴であり，BCT はトライアックよりもはるかに大容量のスイッチングが可能であり，最大 10 kV 以下，数 kA 程度の定格をもつ。

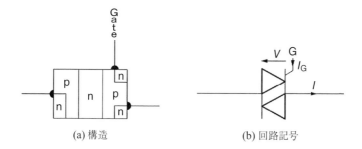

(a) 構造　　　　　　　　(b) 回路記号

図 5-6　トライアック

5.4　GTO （gate turn-off thyristor）

　GTO はゲートターンオフサイリスタ（gate turn-off thyristor）の頭文字を
とったもので，その構造と回路記号を**図 5–7** に示す。その構造は，サイリスタ
型半導体スイッチであり，サイリスタと同様に正電圧の低いゲート電流でオン
となる。しかし，サイリスタとは対照的に，GTO はゲート電流に負のパルス電
流を流すことで，保持電流の値を超えた状態でもターンオフすることが可能で
ある。ターンオフ電流の利得は悪いものの，ゲートパルス幅は数十マイクロ秒
のオーダーでしかなく，ターンオフに必要なゲート信号のエネルギーは大きく
ない。定格電圧は数 kV，数 kA とサイリスタに匹敵するが，動作速度が遅く，
スイッチング損失や導通損失が大きいという欠点がある。また，ターンオフ時
の電圧過渡を抑制するスナバ（7 章で詳述）が必要である。

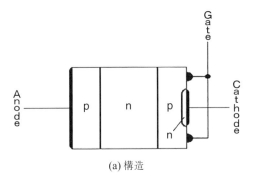

(a) 構造

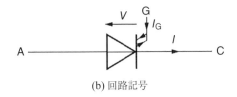

(b) 回路記号

図 5–7　GTO

5.5 パワーモジュール

パワーモジュールは，駆動素子や様々な機能をパッケージングした電力用デバイスの1つである。制御機能の設計の容易化，物理的なレイアウトの簡素化を目的として導入される。

パワーモジュールは，図5–8のように，相互に接続された複数の半導体電力デバイスのセットを1つの筐体に収めたものであり，一般的な構成は，単相および三相ブリッジ，その制御回路である。パワーモジュールには，直列，並列，または直並列に接続された同じタイプのスイッチがいくつか含まれ，全体の電圧および電流定格を増加させている。

図5–9に，利用可能なパワーモジュールの構成例を示す。同図（a）は，2つのパワーダイオードからなるブリッジを示している。同図（b）の2つのサイリスタの逆並列接続は，BCT として前節で紹介したものであり，単体で交流電圧制御を構成することが可能である。

4スイッチ・ブリッジ構成は，ゲート制御により，4象限チョッパまたは単相電圧インバータとして使用することができ，図（c）に示すように6個のスイッチ・ブリッジ構成は，3相電圧インバータを構成している。1つのモジュールに多くのデバイスを詰め込むほど，デバイスあたりの熱を安全に放散することが

図5–8 パワーモジュール
（左から IGBT（3300 V，1200 A），IGBT（600 V，150 A），IPM，いずれも複数素子が直並列接続されている）

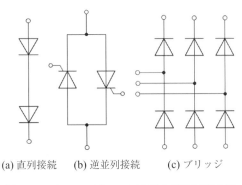

(a) 直列接続   (b) 逆並列接続   (c) ブリッジ

図 5-9　パワーモジュール内部の接続回路の例

できず，個々のデバイスに印加される電圧信号を均等化する必要がある。

　パワーエレクトロニクス・コンバータの構築を容易にするために，IPM（intelligent power module）と呼ばれるものがいくつかのメーカーから市販されている。この IPM は，パワーコンポーネントに保護回路とゲートドライブを搭載していることが特徴である。高電圧・大電流の半導体デバイスとノイズの影響を受けやすい機能デバイスを共存させており，電圧電流だけでなく，温度やノイズといった情報をセンサーで監視し，自己保護制御を行う付加価値を持たせたモジュールなどがある。

5.6　半制御スイッチと完全制御スイッチ

　以上が主要な半導体デバイスの動作原理であるが，この制御方法によって半制御スイッチ（semi-controlled switch）と完全制御スイッチ（fully controlled switch）に分けることができる。

　半導体デバイスの内，サイリスタは半制御型パワースイッチといえる。適切なゲート信号でターンオンさせることができるものの，ダイオードと同様に，主電流が一致値以下とならなければオフさせることができない。サイリスタタイプのデバイスとしては，本章で述べたサイリスタ，GTO，これら 2 つのサイ

リスタを逆並列に接続したトライアックが有名である。これらは，電流によっ
てゲートを制御させているため，電流駆動素子とも呼ばれる。

　このようにサイリスタは，半導体によるパワーエレクトロニクス時代の幕開
けとなったが，その後，数種類の完全制御スイッチが登場し，多くの用途でサ
イリスタからトランジスタへ置き換えが行われた。中でもコンバータにおいて，
ターンオンとターンオフの制御が可能な完全制御型半導体パワースイッチは必
要不可欠な存在であり，パルス幅変調方式といった，多くのコンバータ方法が
考案された。電流駆動素子である半制御スイッチに対して，完全制御スイッチ
は，電圧駆動素子とも呼ばれる。

演 習 問 題

　以下の設問に対して正しい選択肢を選べ。

(1) IGBT の特徴は

　　a) 低入力インピーダンス　b) 高入力インピーダンス　c) 高オン抵抗

　　d) 二次降伏問題

(2) IGBT を制御させるパラメータは

　　a) I_G　b) V_{CE}　c) I_C　d) V_{CE}

(3) IGBT の電圧遮断能力は，次の層で決まる。

　　a) 注入層　b) ボディ層　c) 接点に使用される金属　d) ドリフト層

(4) IGBT の構造は

　　a) P-N-P 構造　b) N-N-P-P 構造　c) P-N-P-N 構造　d) N-P-N-P
構造

(5) IGBT における正しい記述を選べ。

　　a) BJT に比べスイッチング損失が大きい　b) 二次降伏の問題がある

　　c) ゲート駆動電流が少なくて済む　d) 電流制御デバイスである

(6) 現在,最先端の半導体デバイスは,以下のものを使って製造され始めている。

　　a) 半導体ダイヤモンド　　b) ガリウムヒ素　　c) ゲルマニウム

　　d) シリコンカーバイド

(7) サイリスタの記述の内，誤りを選べ。

　　a) 双方向性デバイスである　　b) 制御可能なデバイスである

　　c) ゲート端子がある　　d) 大電力のアプリケーションに使用される

(8) サイリスタの構造では，ゲート端子は以下の位置にある。

　　a) アノード端子の近く　　b) カソード端子の近く　　c) アノード端子とカ
ソード端子の間　　d) どれにも当てはまらない

(9) アノード電流の最小値で，これ以下ではデバイスが完全にターンオフしな
いことを，次のように呼ぶ。

　　a) 保持電流値　　b) ラッチング電流値　　c) スイッチング電流値

　　d) アノード電流のピーク値

(10) ラッチ電流は，保持電流より _____。

　　a) 低い　　b) 高い　　c) 同じ　　d) 負の値

演 習 解 答

(1) 答え：b

　　解説　MOSFET と同様に IGBT も高い入力インピーダンスを有する。初
期の IGBT は，ラッチアップ問題（ゲート信号を除去しても素子がオフし
ない）と二次降伏問題（素子内の局所的なホットスポットが熱暴走し，大
電流で素子が焼損する）があった。

(2) 答え：b

　　説明　電圧制御のデバイスなので，制御させるパラメータはゲート・エミッ
タ間電圧である。

(3) 答え：d

　　解説　ドリフト層は n⁻ 層であり，電圧遮断能力を決定する。

(4) 答え：c

　　説明　IGBT は，P-N-P-N の 4 層が交互に並ぶ半導体素子で，回生動作を行わず MOS ゲート構造で制御する。

(5) 答え：c

　　説明　IGBT はゲートインピーダンスが高いため，ゲート駆動電流が少なくて済む。

(6) 答え：d

　　説明　上記の材料は全て使用可能だが，Si-C は他の材料，特に Si と比較して利点が多い。

(7) 答え：a

　　説明　一方向性デバイスであり，電流はアノードからカソードにのみ流れる。

(8) 答え：b

　　説明　ゲートがカソードの近くにあるのは，デバイスが高速にオンすることができるため。

(9) 答え：a

　　説明　アノード電流が保持電流値を下回らない限り，デバイスは導通状態を維持する。

(10) 答え：b

　　説明　ラッチ電流は，ゲート信号を除去してもデバイスがオン状態を維持する電流値である。一方，保持電流は，それ以上でデバイスが動作する閾値のこと。

引用・参考文献

1) IGBT アプリケーションノート，東芝デバイス＆ストレージ株式会社，2022.
2) パワーエレクトロニクス入門（改訂 5 版），大野 榮一，小山 正人，オーム社，2014.
3) パワーエレクトロニクス，佐久川 貴志，森北出版，2020.

6章　直流–直流変換（チョッパ回路）

　電力変換の 4 つの方式の内，直流–直流（DC/DC）変換と呼ばれる手法がある。本手法は様々な電源回路や DC モータの駆動回路等に利用されている。スイッチングレギュレータや絶縁型 DC/DC コンバータなど様々な方式があるが，本章ではチョッパ回路の基本となる降圧チョッパ，昇圧チョッパ，昇降圧チョッパの動作原理や特徴について学ぶ。

6.1　直流–直流変換の仕組みと平滑化

　初めに直流–直流変換の基本的な考え方を説明した上で，電力変換で重要な役割をもつインダクタ（コイル）とキャパシタ（コンデンサ）の平滑化原理について説明する。

6.1.1　直流–直流変換の仕組み

　チョッピングとはチョッパ回路の名前の由来でもあり，電圧を途切れ途切れにすることで平均電圧値から出力電圧の大きさを制御する方法である。デューティファクタ制御とも呼ばれている。初めにチョッパ回路の動作で使われるデューティファクタ制御を用いて抵抗負荷時の出力電圧波形について考えてみたい。図 6–1 に抵抗負荷の回路図とデューティファクタ制御時の出力電圧波形を示す。T_{on} は SW：ON 時，T_{off} は SW：OFF 時を表し，T_{on} 時には電流 i_1 が流れるため，出力電圧は入力電圧に等しくなる。一方 T_{off} 時は電流が流れないため，出力電圧はゼロとなる。これによって平均電圧は 1 周期 $T = T_{on} + T_{off}$ とするとき $DF = T_{on}/T$ となり，これがデューティ比 DF である。このときの平均出力電圧は $E_{ave} = DF \times E_1$ となり直流電圧を異なる直流電圧に変換する

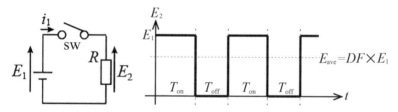

図 6–1　抵抗負荷 R とスイッチ SW による電圧のデューティファクタ制御動作と電圧チョッピング波形

仕組みである。ここで説明しているデューティファクタ制御は，例えばマイコンで LED を点灯させる際にも活用されており，デューティ比を調整することで LED 調光が可能となる。

6.1.2　インダクタとキャパシタによる平滑化

　次にチョッパ回路に使用するインダクタとキャパシタの特徴について説明する。初めにインダクタ（コイル）のインダクタンスを L とすると，インダクタの電圧 V は式（6.1）と表される。

$$V = L\frac{dI}{dt} \tag{6.1}$$

　また 2 章で学習したように，図 6–1 に示す波形は，フーリエ級数を用いることで周波数の異なる正弦波で表現できる。正弦波の場合，複素数を用いて回路解析ができる。インダクタのインピーダンスを Z_L として，式（6.2）と表される。

$$V = Z_L I = j\omega L I \tag{6.2}$$

ここで，式（6.1）において電流について整理すると式（6.3）となる。つまり，インダクタに一定電圧を印加すると電流は傾き $1/L$ で増加する（**図 6–2（a）**）。また同様に式（6.2）についても式（6.4）のように表される。

$$I = \frac{1}{L}\int V\,dt \tag{6.3}$$

$$I = \frac{1}{j\omega L}V \tag{6.4}$$

式 (6.4) よりインダクタに流れる電流 I は電圧 V に対して 90 度遅れることが
わかる。積分器の特徴は 90 度遅らせる意味をもつことであると捉えることが
できる。この電流を遅らせるという点は後述するチョッパ回路の時間応答波形
で説明するが，インダクタは電流を平滑化しているということもできる。この
働きから平滑インダクタ（平滑リアクトル）と呼ばれている。次にキャパシタ
について考える。キャパシタのインピーダンスを Z_c とすると式 (6.5) となる。
また，時間領域では式 (6.6) となる。

$$V = Z_c I = \frac{1}{j\omega C} I \tag{6.5}$$

$$V = \frac{1}{C} \int I dt \tag{6.6}$$

　式 (6.6) からわかるように一定電流を入力することで電圧は $1/C$ の傾きで積
分されていくことになる（図 6–2 (b)）。また，式 (6.5) よりキャパシタでは，
電流に対して電圧が 90 度遅れることからキャパシタは電圧を平滑化する効果
をもつことがわかる。以上のことからキャパシタは電圧を平滑化し，インダク
タは電流を平滑化する受動素子ということになる。次節より降圧チョッパの原
理を元に平滑化についての時間波形も見ていこう。

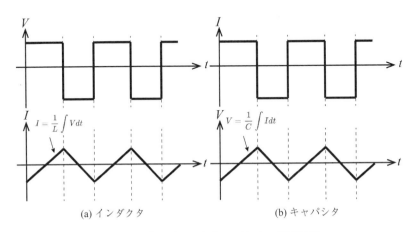

(a) インダクタ　　　　　　(b) キャパシタ

図 6–2　インダクタとキャパシタの時間波形

6.2　降圧チョッパ

　本節からチョッパ回路の基本原理について説明する。降圧チョッパ（用途に応じてバックコンバータともいう）の回路図を**図 6–3** に示す。

　図 6–3 の降圧チョッパは，入力電圧 E_1，スイッチ SW，入力電流 i_1，出力電流 i_2，インダクタ L，抵抗 R，ダイオード D，出力電圧 E_2 から構成されている。降圧チョッパの動作原理を以下で簡単に説明する。

　初めに SW：ON 時の回路動作について説明する。SW：ON 時，降圧チョッパ回路は**図 6–4（a）** に示すような回路として見ることができる。このとき，電流は電源 → スイッチ → インダクタ → 抵抗 → 電源の経路で流れ，電流は $i_2 = i_1 = i_\mathrm{L}$ となる。このとき，インダクタに流れる電流 i_L は式（6.7）となる。次に SW：OFF 時に流れる電流経路を同様に考える。SW：ON 時にインダクタで蓄えたエネルギーを放出するようにインダクタは電流を流し続けるので，図 6–4（b）に示す通りインダクタ → 抵抗 → ダイオード → インダクタの

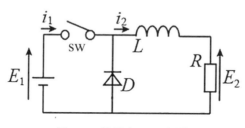

図 6–3　降圧チョッパ回路

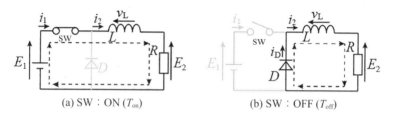

(a) SW：ON（T_on）　　　　　　(b) SW：OFF（T_off）

図 6–4　降圧チョッパの SW：ON/OFF における回路動作

経路で電流が流れる。このときのインダクタ電流 i_L は式 (6.8) となる。

$$i_L = i_2 = \frac{1}{L} \int v_L dt = \frac{1}{L} \int (E_1 - E_2) dt \qquad (6.7)$$

$$i_L = i_2 = \frac{1}{L} \int v_L dt = -\frac{1}{L} \int E_2 dt \qquad (6.8)$$

SW：ON 時を T_{on}，SW：OFF 時を T_{off} とするとき，各部の時間応答波形は図 **6-5** のようになる。図 6-5 において T_{on} の時入力電圧 E_1 はインダクタにかかる電圧 v_L と抵抗負荷にかかる電圧 E_2 に分圧される。従ってインダクタにかかる電圧 v_L は式 (6.9) となる。このとき，ダイオード D はオフとなるが，ダイオード両端にかかる電圧は SW：ON 時には $v_D = E_1$ となる。次に T_{off} のとき，入力電圧 E_1 は SW：OFF により開放される。従って，ダイオード D を通って電流が還流するため，ダイオード D にかかる電圧 v_D はゼロとなる。このとき，インダクタにかかる電圧 v_L は式 (6.10) となる。以上の事からインダクタ電流は電圧の正負によって増減をしながら平均出力電流 $i_{ave} = E_{ave}/R$ を得ることができる。このとき，インダクタに流れる電流は波打っているがこれは脈動（リップル）と呼ばれている。インダクタが大きいときにリップルが低減されるため，電流値はほぼ一定値と見なすことができる。これがインダクタによって電流を平滑化する効果を示すものとなる。インダクタによって電流リップルの低減が可能だが，電圧波形にリップルが生じる場合は電圧を安定化させるためにキャパシタを使用する。これによって電圧波形を平滑化する。電圧平滑のために使用するキャパシタは平滑キャパシタ（平滑コンデンサ）とも呼ばれている。

$$v_L = E_1 - E_2 \qquad (6.9)$$

$$v_L = -E_2 \qquad (6.10)$$

$$(E_1 - E_2)T_{on} = E_2 T_{off} \qquad (6.11)$$

$$E_1 T_{on} = E_2 (T_{on} + T_{off}) \qquad (6.12)$$

$$\Rightarrow \frac{E_2}{E_1} = \frac{T_{on}}{T_{on} + T_{off}} = \frac{T_{on}}{T} = DF$$

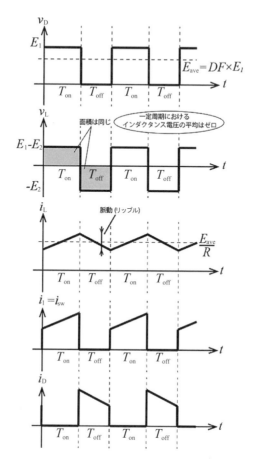

図 6-5　降圧チョッパ回路の各部の時間応答波形

ここで，入出力電圧特性を導出するため降圧チョッパ回路内のインダクタにか
かる電圧に着目する。1 周期 T においてインダクタにかかる電圧の平均はゼロ
となる。従って，図 6-5 のインダクタ電圧波形（図 6-5 の上から 2 段目の波形）
より T_{on} 時間と T_{off} 時間における電圧波形の面積が等しくなり，式（6.11）に
示す関係が得られる。

　最終的に式（6.11）を入出力電圧比として整理すると式（6.12）が得られる。

式 (6.12) からわかるように降圧チョッパ回路の入出力電圧特性はデューティ比 DF で決定される。ここでデューティ比は $0 < DF < 1$ の範囲である。例えば，入力電圧 $E_1 = 10\,\mathrm{V}$ でデューティ比 $DF = 0.5$ のとき，降圧チョッパ回路の出力電圧 $E_2 = DF \times E_1 = 0.5 \times 10 = 5\,\mathrm{V}$ となる。

【別解法】

ここで，別解法としてインダクタに流れる電流波形から降圧チョッパ回路の入出力電圧特性について求めてみたい。図 **6–6** に降圧チョッパ回路におけるインダクタ電流波形を示す。実際には RL 回路特性によって過渡的な変化があるが，ここでは計算のためにインダクタによって線形変化することを前提とする。

$$E_1 - E_2 = L\frac{di_2}{dt} \tag{6.13}$$

$$di_2 = \frac{E_1 - E_2}{L}dt \tag{6.14}$$

$$i_2 = \int_{I_{\min}}^{I_{\max}} di_2 = \frac{E_1 - E_2}{L}\int_{t_1}^{t_2} dt \tag{6.15}$$

$$\Rightarrow I_{\max} - I_{\min} = \frac{E_1 - E_2}{L}(t_2 - t_1)$$

$$T_{\mathrm{on}} = t_2 - t_1 \tag{6.16}$$

$$I_{\max} - I_{\min} = \frac{E_1 - E_2}{L}T_{\mathrm{on}} \tag{6.17}$$

T_{on} 時の回路方程式は式 (6.13) から式 (6.17) となる。続いて，T_{off} 時の回路方程式は式 (6.18) から式 (6.21) となる。最終的に T_{on} 時の式 (6.17) と T_{off} 時の式 (6.21) を等式で結ぶと式 (6.22) が得られる。従って，式 (6.12) と同

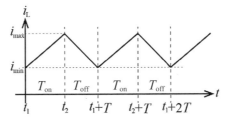

図 6–6　降圧チョッパ回路のインダクタ電流波形

様の結果が得られる。

$$-E_2 = L\frac{di_2}{dt} \tag{6.18}$$

$$di_2 = -\frac{E_2}{L}dt \tag{6.19}$$

$$i_2 = \int_{I_{\max}}^{I_{\min}} di_2 = -\frac{E_2}{L}\int_{t_2}^{t_1+T} dt \tag{6.20}$$

$$\Rightarrow I_{\min} - I_{\max} = -\frac{E_2}{L}(t_1 + T - t_2)$$

$$\Rightarrow I_{\min} - I_{\max} = -\frac{E_2}{L}(T + t_1 - t_2)$$

$$-(I_{\max} - I_{\min}) = -\frac{E_2}{L}(T - T_{\mathrm{on}}) \tag{6.21}$$

$$\Rightarrow I_{\max} - I_{\min} = \frac{E_2}{L}(T - T_{\mathrm{on}})$$

$$I_{\max} - I_{\min} := \frac{E_2}{L}(T - T_{\mathrm{on}}) = \frac{E_1 - E_2}{L}T_{\mathrm{on}} \tag{6.22}$$

$$\Rightarrow E_2(T - T_{\mathrm{on}}) = (E_1 - E_2)T_{\mathrm{on}}$$

$$\Rightarrow E_2 T = E_1 T_{\mathrm{on}}$$

$$\Rightarrow \frac{E_2}{E_1} = \frac{T_{\mathrm{on}}}{T} = DF$$

6.3　昇圧チョッパ

　図 **6‒7** に昇圧チョッパ回路を示す。昇圧チョッパ（ブーストコンバータともいう）の動作原理としては図 **6‒8** のようになる。

　SW：ON の期間を T_{on}，SW：OFF の期間を T_{off} とする。初めに SW：ON 時には図 6‒8（a）に示すような破線矢印の電流経路になる。このときキャパシタには電荷が既に蓄えられているとしている。電流経路からわかるように SW：ON の時入力電圧 E_1 はインダクタにのみ印加されるためインダクタに入力電圧 E_1 の T_{on} 分だけエネルギーが蓄えられる。このときの電流は式（6.23）となる。続いて SW：OFF 時ではインダクタ電圧は入力電圧と同じ向きになるた

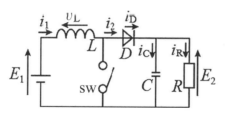

図 6–7 昇圧チョッパ回路

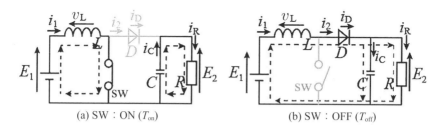

(a) SW：ON (T_{on}) (b) SW：OFF (T_{off})

図 6–8 昇圧チョッパの SW：ON/OFF における回路動作

め，キャパシタに印加される電圧は $E_1 + v_L$ となる。従って，インダクタ電流 i_L は式 (6.24) となる。各部の時間波形は図 **6–9** の通りである。まず T_{on} 区間では式 (6.23) に示すようにインダクタにのみ入力電圧 E_1 が印加されるため，図 6–9 の v_L の波形となる。そしてインダクタに流れる電流も SW に流れる電流 i_{sw} と等しい。また，出力電圧 E_2 はキャパシタ電圧に等しく，キャパシタの放電によって抵抗負荷へ電流 i_R が流れる。次に T_{off} の区間において出力電圧はインダクタ電圧 v_L と入力電圧 E_1 の和で昇圧される。インダクタ電圧は $v_L = E_1 - E_2$ となる。インダクタに流れる電流はダイオードを通って流れるため，$i_L = i_D$ となる。このとき，インダクタ電流は図 6–9 の上から 3 つ目に示すようにキャパシタと抵抗に流れる電流の和となるため，$i_L = i_C + i_R$ となる。ここで $E_{ave} = E_1 + v_L$ である。

　ここで，図 6–9 のインダクタ電圧は一定周期において面積は同じであることを利用して式 (6.25) の関係を得る。最終的に整理すると式 (6.26) が得られる。式 (6.26) の DF はデューティ比であり $0 < DF < 1$ である。デューティ

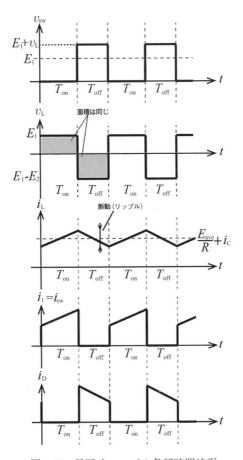

図 6–9　昇圧チョッパの各部時間波形

比 DF を 0 から 1 へ大きくしていくと入出力電圧比が大きくなることがわかる。これによって昇圧されていることがわかる。以上が昇圧チョッパの原理である。

$$i_\mathrm{L} = i_1 = \frac{1}{L} \int v_\mathrm{L} dt = \frac{1}{L} \int E_1 dt \tag{6.23}$$

$$i_\mathrm{L} = i_1 = i_2 = \frac{1}{L} \int v_\mathrm{L} dt = \frac{1}{L} \int (E_1 - E_2) dt \tag{6.24}$$

$$E_1 T_{\mathrm{on}} = (E_2 - E_1) T_{\mathrm{off}} \tag{6.25}$$

$$\frac{E_2}{E_1} = \frac{T}{T - T_{\mathrm{on}}} = \frac{1}{1 - DF} \tag{6.26}$$

6.4 昇降圧チョッパ

　昇降圧チョッパの原理について説明する。**図 6–10** に昇降圧チョッパ回路を示し，**図 6–11** に回路動作を示す。

　昇降圧チョッパ（バックブーストコンバータともいう）は名前の通り昇圧チョッパと降圧チョッパの特性の両方を併せもつチョッパ回路である。昇降圧チョッパの入出力電圧特性を同様に**図 6–12** のインダクタ電圧の T_{on} と T_{off} 区間において面積は等しいとして立式することができる。SW：ON 時には図 6-11（a）の電流経路となり，インダクタにのみ電圧 E_1 が印加される。SW：OFF 時には T_{off} 区間において，T_{on} 時にインダクタで蓄えた電気エネルギーから電流は同

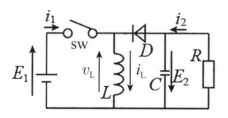

図 6–10　昇降圧チョッパ回路

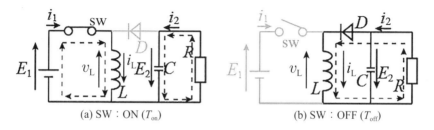

(a) SW：ON (T_{on}) 　　　　　(b) SW：OFF (T_{off})

図 6–11　昇降圧チョッパの SW：ON/OFF における回路動作

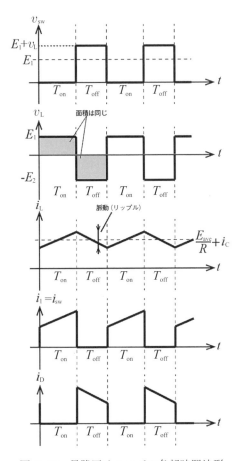

図 6–12　昇降圧チョッパの各部時間波形

一方向に流れるため，キャパシタは下向きに電圧を生じる。結果として図 6–11
(b) に示すように，i_2 の向きに電流がダイオードを通って電流が流れる。従っ
て，T_{off} 時は出力電圧 E_2 がインダクタ電圧となる。以上の事からインダクタ
電圧の面積は SW：ON/OFF で等しいことを利用して式 (6.27) が得られる。
最終的に整理すると，式 (6.28) が得られる。式 (6.28) からわかるように降圧
チョッパでは入出力電圧特性は式 (6.12) の通り $E_2/E_1 = DF$ だった。昇圧

チョッパでは式（6.26）にあるように $E_2/E_1 = 1/(1 - DF)$ だった。従って，降圧チョッパと昇圧チョッパの入出力電圧特性をかけ合わせると昇降圧チョッパの入出力電圧特性となることがわかる。以上の事から昇降圧チョッパでは，降圧チョッパと昇圧チョッパ両方の入出力電圧特性が含まれていることがわかる。

$$E_1 T_{\mathrm{on}} = E_2 T_{\mathrm{off}} \tag{6.27}$$

$$\frac{E_2}{E_1} = \frac{T_{\mathrm{on}}}{T - T_{\mathrm{on}}} = \frac{DF}{1 - DF} \tag{6.28}$$

6.5 デューティ比と入出力電圧特性

　ここまでで3つのチョッパ回路について説明した。ここで出力電圧とデューティ比の関係について述べる。**図6–13**はデューティ比と出力電圧の関係を比較したものになる。これを見ると降圧チョッパと昇圧チョッパの間に昇降圧チョッパがあり，前述までに説明した結果が確認できる。

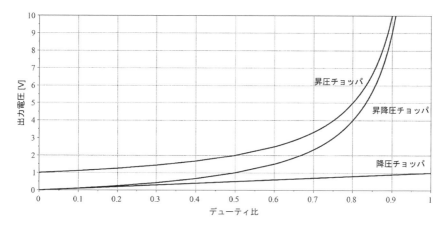

図 6–13　デューティ比と入出力電圧特性の比較

演 習 問 題

(1) 図 6–3 に示した降圧チョッパ回路において，電源電圧 E_1 を 40 V，デューティ比を 0.75 と設定したい。以下の設問に答えよ。

   (a) この回路の負荷抵抗 R に印加される電圧を求めよ。

   (b) この回路のスイッチング周波数を 2 kHz としたとき，スイッチがオンである時間とオフである時間をそれぞれ求めよ。

(2) 図 6–7 に示した昇圧チョッパ回路において，入力電圧 E_1 が 20 V，入力電流 I_1 が 100 A で，出力電圧 E_2 が 50 V である。この回路の効率 η を 0.85 とする。この回路の出力電流 I_2 を求めよ。また，この回路の損失 P_{loss} を求めよ。

(3) 図 6–7 に示した昇圧チョッパ回路において，スイッチング・トランジスタのスイッチング周期を T，スイッチがオンである時間を $T_{\mathrm{on}} = 3T/4$ とする。電源電圧 $E_1 = 20$ V，負荷抵抗 $R_{\mathrm{L}} = 200\,\Omega$ とする。また，回路の損失は無視できるものとする。

   (a) この回路の負荷抵抗に印加される電圧 E_2 を求めよ。

   (b) この回路の負荷の出力 P_2 を求めよ。

   (c) この回路の電源電流 I_1 を求めよ。

(4) コンバータにおいて，デューティ比は $DF = T_{\mathrm{on}}/T = T_{\mathrm{on}}/(T_{\mathrm{on}} + T_{\mathrm{off}})$ と表される。負荷抵抗に印加される電圧 E_2 と電源電圧 E_1 の比を電圧変換率 $M_{\mathrm{c}} = E_2/E_1$ とする。図 6–10 に示した昇降圧チョッパ回路において，電圧変換率は $M_{\mathrm{c}} = DF/(1 - DF)$ と表される。昇降圧チョッパ回路において，DF の大きさによって降圧と昇圧に分かれることを，電圧変換率 M_{c} の式を用いて確かめよ。

演 習 解 答

(1)　(a)　デューティ比率を DF とすると，負荷に印加される電圧は，電源電圧 $\times DF = 40\,\mathrm{V} \times 0.75 = 30\,\mathrm{V}$ となる。

　(b)　周期 $T = 500\,\mu\mathrm{s}$ だから，$T_{\mathrm{on}} = DF \times \mathrm{T} = 375\,\mu\mathrm{s}$，$T_{\mathrm{off}} = T - T_{\mathrm{on}} = 125\,\mu\mathrm{s}$ となる。

(2)　入力電力は，$P_1 = E_1 \times I_1 = 20 \times 100 = 2000\,\mathrm{W}$ となる。出力電力は，$P_2 = E_2 \times I_2$ となる。$P_2 = P_1 \times \eta$ より，$I_2 = 34\,\mathrm{A}$ となる。$P_{\mathrm{loss}} = P_1 \times (1 - \eta) = 300\,\mathrm{W}$。

(3)　(a)　$E_2 = E_1 \times 1/(1 - 3/4) = 20 \times 4 = 80\,\mathrm{V}$

　(b)　$P_2 = E_2 \times E_2/R_{\mathrm{L}} = 32\,\mathrm{W}$

　(c)　$P_1 = E_1 \times I_1 = P_2$ より，$I_1 = 1.6\,\mathrm{A}$

(4)　$M_{\mathrm{c}} = DF/(1 - DF)$ より，$DF < 0.5$ のときは $M_{\mathrm{c}} < 1$ で降圧となり，$DF > 0.5$ のときは $M_{\mathrm{c}} > 1$ で昇圧となる。この関係は，E_2/E_1 の大小関係からも確かめられる。

引用・参考文献

1)　河村篤男編：パワーエレクトロニクス学入門—基礎から実用例まで—，コロナ社，2009.

7章　高度な直流−直流変換

　直流−直流変換は適用製品の拡大に影響を受け，近年高度かつ広範囲に発展をしており，本章で更に整理しておく。本章では，高度な直流から直流へ変換する回路として，まず，双方向チョッパ回路（DC/DC 変換回路，もしくは，DC/DC コンバータ）の動作原理と特徴について紹介する。この双方向チョッパは省エネルギーの観点からエネルギー回生を担う技術として自動車，電車で利用されている。また，前章では，DC/DC コンバータの中でチョッパ方式の非絶縁型 DC/DC コンバータを紹介した。非絶縁型は 50 Hz や 60 Hz の商用周波数の AC ラインから電源を取るときに別に大きく重い絶縁トランスが必要となる。ここでは AC ラインから直接電源が取れる絶縁型のコンバータであるフライバックコンバータやフォワードコンバータを紹介する。昇降圧チョッパを絶縁型にしたものがフライバックコンバータで，降圧チョッパを絶縁型にしたものがフォワードコンバータと考えることができる。6 章のチョッパ回路では，インダクタ（回路上の機能を称しチョークコイルと呼ぶこともある）の自己誘導を利用してエネルギーを蓄積することを主として解説したが，広く電源として使用されるチョッパ回路の動作原理としては，電力 ⇔ エネルギーの流れを考え，DC 電力 → 磁気エネルギー → 電気エネルギー → 所望の DC 電力と本書では考える。フライバックコンバータでは特にこの考え方が重要である。また，名称は使用される応用に応じ，降圧チョッパを Buck コンバータ，昇圧チョッパをブーストコンバータ，6 章で説明した昇降圧チョッパを Buck ブーストコンバータと呼んでいる。

7.1　双方向チョッパ回路

　双方向チョッパ回路は，6 章で紹介した昇圧および降圧チョッパ回路を組み合せることで構成する。最も代表的な双方向チョッパ回路を**図 7–1** に示す。本回路は，昇圧チョッパ回路と降圧チョッパ回路とを組み合わせたもので，「電流可逆チョッパ」であり直流電圧 $E_1 > E_2$ の場合の回路である。概略の回路動作は，左側 E_1 を入力側とし E_2 を出力側とした場合には，6.2 節の降圧チョッパとして動作できる。反対に，E_2 を入力側とし E_1 を出力側とした場合には 6.3 節の昇圧チョッパとして動作できる。このように双方向に直流電力変換を取り扱うことができる回路である。実際の動作を説明するために SW$_1$ と SW$_2$ を実

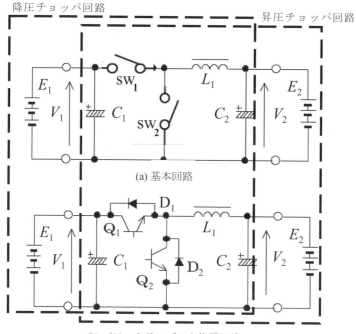

(a) 基本回路

(b) パワートランジスタ使用回路

図 7–1　双方向チョッパ回路

際の半導体素子に置き換えた回路を図 7–1（b）に示す。降圧チョッパとして動作させる場合には，C_1，Q_1，L_1，C_2，D_2 を使用し左から右方向に 6.2 節と同様の動作を行い，昇圧チョッパとして動作させる場合には，C_2，L_1，Q_2，D_1 を使用し右から左方向に 6.3 節と同様の動作を行う。

7.2 フライバックコンバータ

7.2.1 フライバックコンバータの構成

最も構成が簡素なフライバックコンバータの基本回路を**図 7–2** に示す。昇

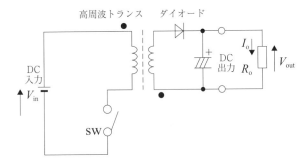

(a) フライバックコンバータ基本回路図

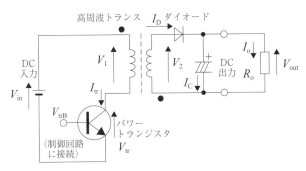

(b) パワートランジスタ使用

図 7–2　フライバックコンバータの回路

降圧チョッパにおけるインダクタ部分がトランス（高周波トランスの場合が多い）へと変わっている。簡単化のために入力は単純で安定な電圧源（V_{in} を発生）とし，スイッチをパワートランジスタで記述した例も示す。フライバックコンバータは，昇降圧チョッパを電源と負荷を絶縁できるよう，インダクタの代わりに図 7-2（a）のように一次巻線と二次巻線とが絶縁されているトランスのインダクタンスの電磁誘導を利用する。また，図 7-2（a）の回路図中の SW に図 7-2（b）のように能動的に動作する半導体を使用し，スイッチング技術を使用して動作させるために，他励式のコンバータと呼ばれ遅相無効電力だけを制御することができる。一般的にフライバックコンバータは小容量（数十から数百 W 程度）の電力供給で使用される。

　フライバックコンバータで特徴的なのはトランスの巻線の方向が次節のフォワードコンバータなど他とは異なり，正負逆の方向となっていることである。フライバックコンバータでは巻線の向きがそろっているトランスを使用すると，昇降圧チョッパと同様電圧の発生方向が逆向きとなるので巻線の正負の方向が異なるトランスを使用する。フライバックコンバータで使うトランスは他のトランスと区別してフライバックトランスと言われる。

7.2.2　フライバックコンバータの動作

　フライバックコンバータを，どのように動作させるのかを説明する。ここではスイッチ T_r がオンになるときにはトランスに蓄えられたエネルギーはちょうど 0 になった状態とする（後述のモード II の状態）。

　トランス一次側の直流電圧を V_1，二次側の出力電圧を V_2 とし，スイッチがオンをしている時間を T_{on}，オフしている時間を T_{off} とする。スイッチをオンすると，直流電源からトランス一次巻線に電流を流しトランスに磁束を発生させ，二次巻線の●側を正として電圧が発生する。ただし，ダイオード D があるためトランス二次側の電流は阻止されて流れない。従ってここでは，トランスの一次側巻線のインダクタンスにエネルギーが蓄えられている状態となる。トランス一次巻線のインダクタンスを L_1 とすると，そのエネルギー W_1 は

$$W_1 = \frac{1}{2}L_1 i_{tr}^2 \tag{7.1}$$

である。一次電流 i_{tr} は，

$$i_{\mathrm{tr}} = \frac{1}{L_1}\int_0^t V_1 dt = \frac{V_1}{L_1}t \tag{7.2}$$

と，直線的に上昇していくことになるので，電流 I_{tr} の最大値 I_{trm} は，

$$I_{\mathrm{trm}} = \frac{V_1}{L_1}T_{\mathrm{on}} \tag{7.3}$$

となり，トランスの一次巻線のインダクタンス L_1 に蓄えられる最大エネルギーは，

$$W_1 = \frac{1}{2}L_1 I_{\mathrm{trm}}^2 = \frac{V_1^2 T_{\mathrm{on}}^2}{2L_1} \tag{7.4}$$

となる。なので，繰り返し周波数 f_{sw} でフライバックコンバータが動作する場合の電力は，

$$P = \frac{1}{2}L_1 I_{\mathrm{trm}}^2 f_{\mathrm{sw}} = \frac{V_1^2 T_{\mathrm{on}}^2}{2L_1}f_{\mathrm{sw}} \tag{7.5}$$

となる。

　W_1 が蓄えられた状態で，パワートランジスタ $\mathrm{T_r}$ をオフにすると，I_{tr} は遮られることになるが，上述のようにトランスの一次巻線のインダクタ L_1 にはエネルギーが蓄えられておりエネルギー保存の法則よりトランスのインダクタンスに流れる電流を 0 にすることはできない。これがインダクタの電流連続性であるが，トランスの場合は一次巻線のインダクタンス L_1 の電流 I_{tr} が 0 になる代わりにインダクタンス L_2 に I_{D} に電流を流すことでトランス内の磁束の連続性を保ちエネルギーを保存することができる。このときインダクタンス L_2 には，

$$V_2 = -L_2\frac{\Delta I_{\mathrm{D}}}{\Delta t} \tag{7.6}$$

の逆起電力が発生しダイオード D がオンとなり，トランスに蓄積されたエネルギーが開放され電流がコンデンサ側へ流れることにより磁気エネルギーが電気

エネルギーへ変換され直流電力が出力される。

　このときの二次側電流はトランスの巻数を一次側 N_1，二次側 N_2 とすると，スイッチオフになる瞬間の一次電流と二次電流の間にはエネルギーが保存されることから，

$$\frac{1}{2}L_1 I_{\text{trm}}^2 = \frac{1}{2}L_2 I_{\text{Dm}}^2 \tag{7.7}$$

より，

$$I_{\text{Dm}} = \sqrt{\frac{L_1}{L_2}} I_{\text{trm}} = \frac{N_1}{N_2} I_{\text{trm}} \tag{7.8}$$

の関係があり，スイッチオフ後に二次電流 i_{D} はスイッチオフ時の電流値 I_{Dm} から ΔI_{D} 変化することになるので，

$$
\begin{aligned}
i_{\text{D}} &= I_{\text{Dm}} + \Delta I_{\text{D}} \\
&= I_{\text{Dm}} - \frac{V_2}{L_2} \Delta t \\
&= \frac{N_1}{N_2} I_{\text{trm}} - \frac{V_2}{L_2} \Delta t
\end{aligned} \tag{7.9}
$$

と，V_2/L_2 の割合で直線的に減少していくことになる。ダイオード D がオン時 $V_{\text{out}} = V_2$ となるが，出力部のコンデンサ C が十分大きく，出力電圧 V_{out} は一定とみなせるとすると，出力電流 I_{out} も一定なので，その値は i_{D} の平均値となるので，

$$
\begin{aligned}
I_{\text{out}} &= \frac{1}{T_{\text{on}} + T_{\text{off}}} \int_0^{T_{\text{off}}} i_{\text{D}} dt \\
&= \frac{1}{T} \int_0^{T_{\text{off}}} \left(I_{\text{Dm}} - \frac{V_2}{L_2} t \right) dt \\
&= \frac{1}{T} \left(I_{\text{Dm}} T_{\text{off}} - \frac{V_2 T_{\text{off}}^2}{2L_2} \right) \\
&= \frac{I_{\text{Dm}} T_{\text{off}}}{2T} = \frac{V_2 T_{\text{off}}^2}{2L_2 T} = \frac{V_{\text{out}} T_{\text{off}}^2}{2L_2 T}
\end{aligned} \tag{7.10}
$$

となる。スイッチのオンの期間にトランスに蓄えられた電力と，二次側負荷で

の消費電力は等しく，スイッチ T_r がオン時は $V_{in} = V_1$ となるので，

$$\frac{1}{2}L_1 I_{trm}^2 f_{sw} = \frac{V_1^2 T_{on}^2}{2L_1} f_{sw} = \frac{V_{in}^2 T_{on}^2}{2L_1} f_{sw} \tag{7.11}$$
$$= I_{out} V_{out}$$

の関係があるので，

$$\frac{V_{in}^2 T_{on}^2}{2L_1} f_{sw} = \frac{V_{out}^2 T_{off}^2}{2L_2 T} \tag{7.12}$$

となり，出力電圧 V_{out} は，

$$V_{out} = \sqrt{\frac{L_2}{L_1}} \frac{T_{on}}{T_{off}} V_{in} \tag{7.13}$$

と表すことができる。ここで，オンをしている時間 T_{on} とオフしている時間 T_{off} の割合，デューティ比 DF は，

$$DF = \frac{T_{on}}{T_{on} + T_{off}} \tag{7.14}$$

トランスの一次巻線，二次巻線のインダクタンス L_1, L_2 は，それぞれ巻数 N_1, N_2 の二乗に比例するので，出力電圧 V_{out} は，

$$V_{out} = \frac{DF}{1-DF} \frac{N_2}{N_1} V_{in} = \frac{DF}{1-DF} \frac{V_{in}}{n} \quad \left(n = \frac{N_1}{N_2}\right) \tag{7.15}$$

と表すこともできる。また，

$$\frac{V_{out}}{N_2} T_{off} = \frac{V_{in}}{N_1} T_{on} \tag{7.16}$$

と，トランスの巻数が入った形になるが，6章で紹介したインダクタの電圧定常性が維持されていることもわかる。

ここで，このときのフライバックコンバータ各部の動作概略波形を図 **7–3** に示す。パワートランジスタのベースに電流を流してオンにするための電圧を V_{trB} とする。制御信号 V_{trB} によりスイッチ T_r がオンするとトランスの一次側巻線には V_{in} の電圧が印加され，一次側電流 I_{tr} が式 (7.2) で表されるように流れ

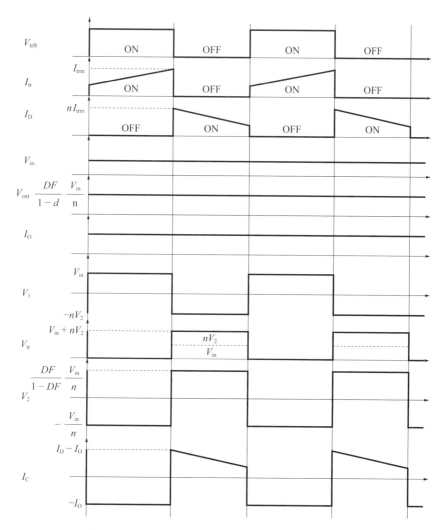

図 7–3 フライバックコンバータの電圧電流動作波形

る。このとき二次側には $-V\text{in}/n$ の電圧が発生しているがダイオードの逆方向電圧であるため二次側には電流は流れない。

スイッチ T_r がオフされると式 (7.9) で表される二次側電流 I_D が流れ始める。

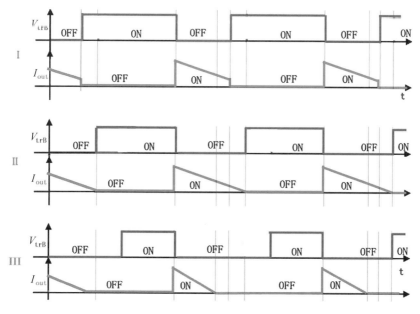

図 7–4 フライバックコンバータの動作モード

このときトランス二次側には式（7.15）で表される電圧 V_2 が発生する。そして
スイッチ T_r オフ時のトランスの一次側にはこの二次側電圧 V_2 によって $-nV_2$
の電圧 V_1 が誘起される。この $-nV_2$ の電圧は入力電圧 V_{in} に重畳されスイッ
チ T_r に印加されるので，スイッチ T_r オフ時にかかるスイッチ電圧 V_{tr} は入力
電圧値以上の電圧になることに注意が必要であり，この電圧に耐える許容電圧
のスイッチを使う必要がある。

　フライバックコンバータはスイッチング素子の動作によってダイオードに流
れる電流波形が異なる 3 つのモードがある。図 7–4 の I，II，III において V_{trB}
はスイッチ素子として使用しているパワートランジスタのベースへの印加電圧
（トリガ電圧）の ON/OFF のタイミングを示し，それに対応した出力電流 I_{out}
を示す。I に示す動作は I_{in} か I_{out} がトランスを必ず流れているため電流連続
モードといい，II も電流連続モードであるが，ちょうど I_{out} が 0 になる点で動
作するため電流臨界もしくは電流境界モードという。III はトランスに電流が流

れていない期間が存在するため電流不連続モードという。電流連続モードの特
徴は，ダイオード電流が流れ続けて一次側から電力を継続的に出力側コンデン
サ C_2 へ供給し続けるため，結果として入出力のリップル電流が少なく C_2 の
容量を小さく選定できる。一方で，一次側から電磁エネルギーを供給し続ける
必要があるためトランス容量が大きくなり，ダイオードやスイッチ素子が通電
中に切り替えるため逆阻止損失やスイッチング損失が大きくなる。それに比べ，
電流不連続モードはスイッチ素子やダイオードでのロスが少なくトランスを小
容量にすることができる。一方で入出力電流リップルが大きくなるため出力コ
ンデンサ容量は大きくなる。I の電流連続モードは電流の状態変化を意図的に
作らないといけないのでスイッチの ON/OFF タイミングを別回路で制御する
他励式の発振回路が必要である。

7.2.3　スナバ回路

　図 7–2 のフライバックコンバータの一次側から見た等価回路はフライバック
トランスによる損失はないと仮定すると，**図 7–5** で表される。トランスは完全
に 100 % の結合をすることはないので一次側巻線の漏れインダクタンス L_1，二
次巻線の漏れインダクタンス L_2 が存在する。L_3 はトランスの励磁インダクタン
スである。フライバックコンバータの場合，スイッチ T_r がオンしたときダ
イオード D はオフであるので $i_1 = i_m$ の電流が一次側に流れエネルギーが蓄え

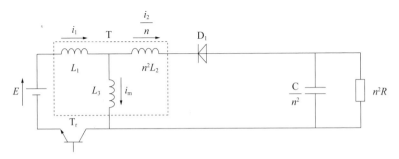

図 7–5　トランスを T 型等価回路で表したフライバックコンバータの等価回路

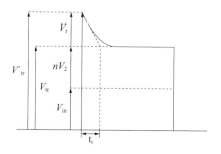

図 7–6　漏れインダクタンスにより重畳されるサージ電圧

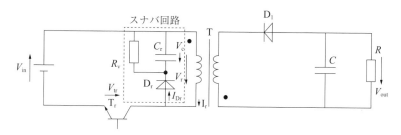

図 7–7　スナバ回路付のフライバックコンバータ

られる。フライバックコンバータのスイッチ T_r が一次側電流を遮断すると励磁電流 i_m によりダイオードDがオンになり二次側にエネルギーが移行され二次電流 i_2 が流れる。しかしこのとき漏れインダクタンス L_1 に流れる電流 i_1 に関しては，二次側巻線とは結合していないので二次側へのエネルギー移行がなく，電流が急激に遮断されることによる $-di_1/dt$ の大きなサージ電圧と呼ばれる逆起電力が発生し，**図 7–6** のように図7–3内の V_{tr} に更に重畳されてスイッチ T_r に印加されることになる。そうするとスイッチ T_r の許容電圧を超え壊してしまう。そのため，**図 7–7** のような回路をトランスの一次側に取り付け，漏れインダクタンス L_1 に蓄えられたエネルギーを吸収，消費しなければならない。このように回路に発生するサージ電圧を吸収する回路をスナバ回路という。

　図においてスイッチ T_r がオフするとトランス T の一次側巻線に流れる電流が遮断されようとするため一次側漏れインダクタンスで逆起電力 V_r のサージ電

圧が発生しようとする。この逆起電力はスナバ回路のダイオード D_r の順方向
電圧であるため D_r はオンする。すると D_r を通してトランスの一次側漏れイン
ダクタンスに残っているエネルギーで電流 I_D が流れ，コンデンサ C_r が V_c に充
電される。このときの V_C はスナバ回路がないときのサージ電圧よりかなり小
さくなる。C_r には並列に抵抗 R_r が接続されており C_r に溜まったエネルギー
を消費する。この R_r がトランスの一次側漏れインダクタンスに蓄積されたエ
ネルギー全てを消費することでサージ電圧を抑制し，スイッチの破壊を防ぐ。

7.3　フォワードコンバータ

7.3.1　フォワードコンバータの構成

　　フォワードコンバータは中容量の電力供給に使用される。フォワードコンバー
タの回路図を図 **7–8** に示す。降圧チョッパの回路にトランスとダイオードが
追加された形となっている。ただし昇圧トランスを使用することで昇圧も可能
である。フライバックコンバータではトランスの一次側と二次側の極性が逆に
なっており，スイッチのオフ時にエネルギーを二次側に伝達する構成だったが，
フォワードコンバータでは一次側と二次側が同じ極性となっているのでスイッ

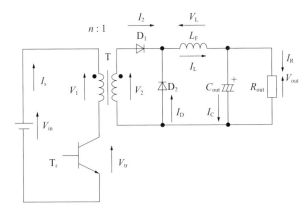

図 7–8　フォワードコンバータ

チがオンしているときと同時に二次側に電力が伝達される。

7.3.2 フォワードコンバータの動作

スイッチがオンするとトランスの一次側には V_{in} が印加され二次側には

$$V_2 = \frac{N_2}{N_1}V_1 = \frac{V_{\text{in}}}{n} \quad \left(n = \frac{N_1}{N_2} \right) \tag{7.17}$$

の電圧が発生する。この電圧によりダイオード D_1 に順方向の電圧が加わりオンして電流 I_2 がインダクタ L を通り流れる。スイッチオフ時には D_1 がオフし，D_2 がオンして降圧チョッパと同様の動作となる。したがって，フォワードコンバータの出力電圧は，

$$V_{\text{out}} = DFV_2 = DF\frac{N_2}{N_1}V_1 = DF\frac{V_{\text{in}}}{n} \tag{7.18}$$

となる。図 7–9 にフォワードコンバータの各部の動作波形を示す。フライバックコンバータと比較すると，部品点数として還流（転流，フライフォイールともいう）させるためのダイオードが増え，インダクタンスが増加する。

7.3.3 フォワードコンバータのリセット

フォワードコンバータの回路のトランスを一次側から見た等価回路はトランスの損失はないとすると図 7–10 のようになる。L_1, L_2 はトランスの一次側，二次側の漏れインダクタンスを，L_3 は励磁インダクタンスを表している。L_1, L_2 の漏れインダクタンスは十分小さいとすると一次電流 i_1 には，励磁インダクタンス L_3 に流れる励磁電流 i_{m},

$$i_{\text{m}} = \frac{1}{L_3} \int V_{\text{in}}dt \tag{7.19}$$

が二次電流 i_2 以外に含まれる。この励磁電流はトランスに磁束を発生させるための電流で，二次側には出力されないのでトランス内にエネルギーとして蓄積されトランス鉄心内の磁束密度を ΔB 大きくすることになる。これがコンバータの動作では繰り返されるので磁束密度が次第に増加し，ついには鉄心に磁気

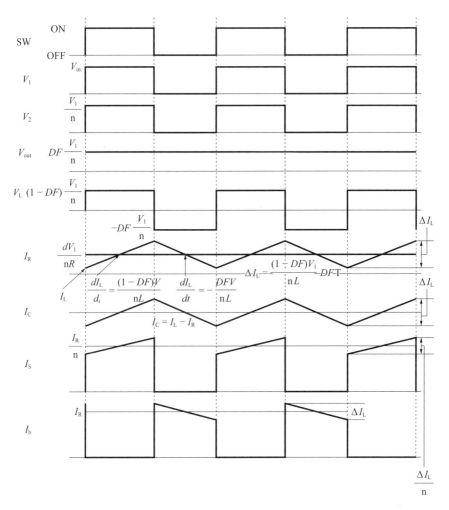

図 7–9　フォワードコンバータの各部の動作波形

飽和を起こしてしまう。

　そうするとトランスの効率が悪くなるばかりか，トランスの自己インダクタンスが小さくなり，一次電流 i_1 が大電流になりスイッチの許容電流を超え壊してしまう。そのためフォワードコンバータでは鉄心のリセット回路を追加する

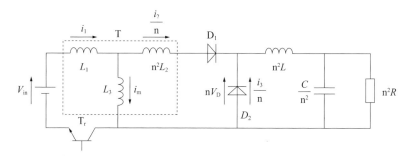

図 7–10　トランスを T 型等価回路で表したフォワードコンバータの等価回路

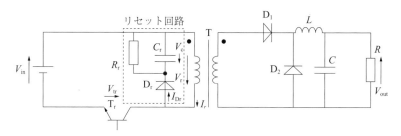

図 7–11　トランスリセット回路付のフォワードコンバータ

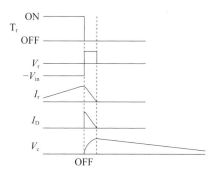

図 7–12　トランスリセット回路の動作波形

のが普通である。**図 7–11** にリセット回路をつけたフォワードコンバータを示す。回路的には**図 7–12** のスナバ回路と同じものである。回路動作も同じよう

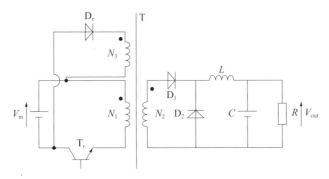

図 7–13　電力回生トランスリセット回路付のフォワードコンバータ

になり，R_r がトランスに蓄積された励磁エネルギー全てを消費することでリセットが完了する（図 7–12）。

　この回路は励磁エネルギーを消費することでトランスにリセットをかけているが，**図 7–13** のようにトランスに残っている励磁エネルギーを電源に回生する回路構成もある。

7.4　高度な昇降圧チョッパ

　昇降圧チョッパには Cuk コンバータと呼ばれる回路が開発されている。回路図を**図 7–14** に示す。特徴として，昇圧も降圧も可能であり，入力・出力電流のリップルが小さいため，入力電圧 V_{in} と並列に入力コンデンサや出力コンデンサを接続する際に，それらの容量を小さくできる（入出力コンデンサの小型化）。また，動作中の各コンデンサの発熱も少ない。また実用面において，コンデンサ C により入力と出力を分離しており出力部短絡への耐性が高いことがある。注意点は，入力電圧 V_{in} と出力電圧 V_{out} が逆極性となり，昇降圧コンバータより部品点数が多い点がある。出力電圧を V_{out} とすると，Cuk コンバータの出力電圧 V_{out} は昇降圧チョッパと同様に次式となる．

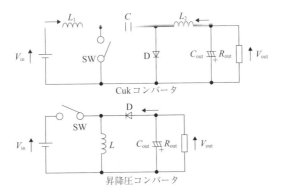

図 7–14　CuK コンバータ

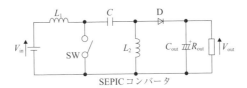

図 7–15　SEPIC コンバータ

$$V_{\mathrm{out}} = -\frac{DF}{1 - DF} V_{\mathrm{in}} \tag{7.20}$$

更に，Cuk コンバータに対し出力極性を同じ極性とできる SEPIC（single ended primary inductor converter）コンバータ（**図 7–15**）と Zeta コンバータ（**図 7–16**）を合わせて紹介する。これらはいずれも単純昇降圧回路に比べると部品点数は増える。SEPIC 回路は，出力電流リップルが他の昇降圧コンバータに比べ大きく大電流用途には適さないが，Zeta 回路は小さい。一方で入力電流リップルは Zeta 回路 > SEPIC 回路となる。

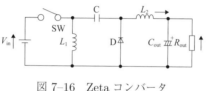

図 7–16　Zeta コンバータ

演 習 問 題

(1) 図 7–1 において昇圧および降圧チョッパ動作をしている場合の出力電圧をそれぞれ V_1, V_2, スイッチのデューティ比 DF を用いて示せ。

(2) 図 7–2 のフライバックコンバータにおいて，以下の問いに答えよ。ただし，回路動作は定常状態で，$V_{\mathrm{in}} = 10\,\mathrm{V}$，トランスの一次側のインダクタンス $L_1 = 0.4\,\mathrm{mH}$，$L_2 = 40\,\mathrm{mH}$，$R = 4\,\mathrm{k\Omega}$ であり，キャパシタンス C は十分大きく，定常状態でキャパシタの電圧は一定と見なすことができるものとする。

　1) スイッチ T_r にオン時間 $T_{on} = 40\,\mu\mathrm{s}$，オフ時間 $T_{\mathrm{off}} = 10\,\mu\mathrm{s}$ の制御信号を加えた。スイッチ T_r のスイッチング周波数 f_{sw}，デューティ比 DF を求めよ。

　2) スイッチ T_r がオン時とオフ時のトランスの二次側電圧 V_2 はいくらか求め，二次側電圧 V_2 の波形を書け。その結果を元に，出力電圧 V_{OUT} と I_{R} の値を求めよ。

　3) スイッチ T_r がオフ時のトランスの二次側電流 I_{D} の変動値 ΔI_{D} を求めよ。

　4) キャパシタ電流 I_{C} のスイッチ T_r がオン時と，オフ時の平均値を求めよ。その結果を元にキャパシタ電流 I_{C} の波形を書け。

　5) スイッチ T_r がオフ時のトランスの二次側電流 I_{D} の平均値を求めよ。そして I_{D} の波形を書け。

　6) スイッチ T_r オフ時のスイッチ T_r にかかる電圧 V_{tr} はいくらかを求め，

V_{tr} の波形を書け。ただしここではトランスの漏れインダクタンスは ないとする。

7) スイッチ T_r オン時のトランスの一次側電流 I_{tr} の変動値 ΔI_{tr} を求 めよ。

8) スイッチ T_r オン時のトランスの一次側電流 I_{tr} の電流 I_{tr} の平均値を 求めよ。そして I_{tr} の波形を書け。

(3) フォワードコンバータの回路と動作が降圧チョッパ回路と異なる点を記述 せよ。

(4) 図 7–8 のフォワードコンバータについて以下の問いに答えよ。ただし，回 路動作は定常状態で，$V_{\mathrm{in}} = 10\,\mathrm{V}$，トランスの一次巻線に対する二次巻線 の巻数比 $n = 1/10$，$L = 250\,\mu\mathrm{H}$，$R = 5\,\Omega$ であり，スイッチング周波数 $f_{\mathrm{sw}} = 25\,\mathrm{kHz}$，デューティ比 $DF = 0.25$ の制御信号を与えている。また， キャパシタンス C は十分大きくその端子電圧は一定だと仮定することがで きるとする。

1) 出力電圧 V_{OUT} および電流 I_R の値を求めよ。

2) スイッチ T_r がオン時とオフ時のインダクタ L の電圧波形 V_L を書け。

3) インダクタ電流 I_L の変動幅 ΔI_L を求めよ。

4) キャパシタ電流 I_C の波形を書け。

5) I_L の波形を書け。

6) I_2，I_D の波形を書け。

7) I_S の波形を書け。

(5) フォワードコンバータの動作がフライバックコンバータと異なる点を記述 せよ。

(6) Cuk 回路の入出力電圧を参考に，SEPIC コンバータと Zeta コンバータの 出力電圧を V_{in}, V_{out}, DF で示せ。

演 習 解 答

(1) $V_2 = V_1 \times DF$, $V_1 = 1/(1 - DF) \times V_2$

(2)　1)　$f_{\text{sw}} = \frac{1}{T} = \frac{1}{40 \times 10^{-6} + 10 \times 10^{-6}} = 20 \times 10^3 = 20\,\text{kHz}$

$\quad\quad DF = \frac{T_{\text{on}}}{T_{\text{on}} + T_{\text{off}}} = \frac{40 \times 10^{-6}}{40 \times 10^{-6} + 10 \times 10^{-6}} = \frac{4}{5} = 0.8$

　2)　$V_{2\text{off}} = \frac{DF}{1-DF}\frac{V_{\text{in}}}{n} = \frac{\frac{4}{5}}{1-\frac{4}{5}}\frac{10}{\sqrt{\frac{0.40 \times 10^{-3}}{40 \times 10^{-3}}}} = 400\,\text{V}$

$\quad\quad V_{2\text{on}} = -\frac{V_{\text{in}}}{n} = -10 \times 10 = -100\,\text{V}$

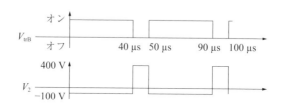

$\quad\quad V_{\text{out}} = V_{2\text{off}} = 400\,\text{V}$

$\quad\quad I_{\text{o}} = \frac{V_{\text{out}}}{R} = \frac{400}{4000} = 0.1\,\text{A}$

　3)　$\Delta I_{\text{D}} = \frac{V_2}{L_2}T_{\text{off}} = \frac{400}{40 \times 10^{-3}} \times 10 \times 10^{-6} = 0.1\,\text{A}$

　4)　$I_{\text{Con}} = -I_{\text{o}} = -0.1\,\text{A}$

$\quad\quad I_{\text{Coffave}} \times T_{\text{off}} = -I_{\text{Con}} \times T_{\text{on}}$

$\quad\quad I_{\text{Coffave}} = -I_{\text{ConN}} \times \frac{T_{\text{on}}}{T_{\text{off}}} = 0.1 \times \frac{40}{10} = 0.4\,\text{A}$

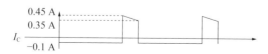

　5)　$I_{\text{D}} = I_{\text{Coffave}} + I_{\text{o}} = 0.4 + 0.1 = 0.5\,\text{A}$

　6)　スイッチ T_{r} のオフ時には入力電圧 V_{in} と二次側電圧 V_2 の変圧比分が
　　　かかるので，

$$V_{\mathrm{tr}} = V_{\mathrm{in}} + nV_{2\mathrm{off}} = 10 + \tfrac{1}{10} \times 400 = 50\,\mathrm{V}$$

7) $\Delta I_{\mathrm{Tr}} = \dfrac{V_1}{L_1}T_{\mathrm{on}} = \dfrac{10}{0.4\times10^{-3}} \times 40 \times 10^{-6} = 1\,\mathrm{A}$

8) $I_{\mathrm{tr}} = \dfrac{I_{\mathrm{D}}}{n} = 10 \times 0.5 = 5\,\mathrm{A}$

(3) 回路上トランスが増える。トランスの巻数比を 1 より大きくすることで降圧から昇圧まで可能。

(4) 1) $V_{\mathrm{OUT}} = DF\dfrac{V_{\mathrm{in}}}{n} = 0.25 \times 10 \times 10 = 25\,\mathrm{V}$

$I_{\mathrm{R}} = \dfrac{V_{\mathrm{out}}}{R} = \dfrac{25}{5} = 5\,\mathrm{A}$

2) スイッチ SW オン時は

$V_2 = \dfrac{V_{\mathrm{in}}}{n} = 10 \times 10 = 100\,\mathrm{V}$

なので,

$V_{\mathrm{L}} = V_2 - V_{\mathrm{out}} = 100 - 25 = 75\,\mathrm{V}$

スイッチオフ時は $V_{\mathrm{L}} = -V_{\mathrm{out}} = -25\,\mathrm{V}$

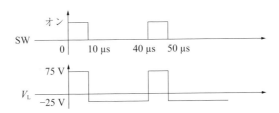

3) $\Delta I_{\mathrm{L}} = \frac{V_{\mathrm{L}}}{L} T_{\mathrm{on}} = \frac{75}{250 \times 10^{-6}} \times \frac{0.25}{25 \times 10^3} = 3\,\mathrm{A}$

4) キャパシタ電流 I_{C} は $I_{\mathrm{C}} = I_{\mathrm{L}} - I_{\mathrm{R}}$ で表される。I_{R} は一定であるため ΔI_{L} はキャパシタ電流 I_{C} に含まれる。

　　キャパシタ電圧は一定なのでキャパシタ電流 I_{C} の 1 周期の和は 0 である。従ってキャパシタ電流 I_{C} は 0 を中心とした ΔI_{L} の振幅の波形となる。

5) $I_{\mathrm{L}} = I_{\mathrm{C}} + I_{\mathrm{R}}$ なので，

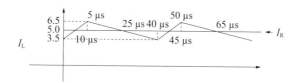

6)

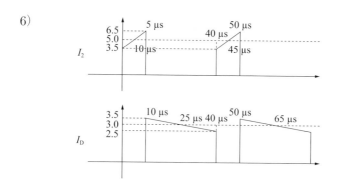

7) $I_{\mathrm{S}} = \frac{I_2}{n} = 10 I_2$ なので，

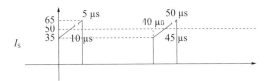

(5) フォワードコンバータはスイッチオン時にトランスから出力し，フライバックコンバータはスイッチオフ時にトランスから出力する。フォワードコンバータはスイッチはオフ時もインダクタのエネルギーを出力できるため比較的大電力対応回路。

(6) $V_{\text{out}} = -\dfrac{DF}{1-DF} V_{\text{in}}$

引用・参考文献

1) https://www.tdk.com/ja/tech-mag/power/006#section2

2) https://detail-infomation.com/converter-type/

3) パワーエレクトロニクスハンドブック編集委員会：パワーエレクトロニクスハンドブック，オーム社，2010.

4) 長谷良秀：電力技術の実用理論 第3版 発電・送変電の基礎理論からパワーエレクトロニクス応用まで，丸善出版，2015.

5) 古橋武：パワーエレクトロニクスノート―工作と理論，コロナ社，2008.

6) 金東海：パワースイッチング工学―パワーエレクトロニクスの基礎理論，電気学会，2003.

7) 電気学会：電気工学ハンドブック 第7版，オーム社，2003.

8) https://detail-infomation.com/cuk-converter/
   https://detail-infomation.com/sepic-converter/
   https://detail-infomation.com/zeta-converter/

9) 平地克也，他：鶴舞高専，2022年電気学会産業応用部門大会，高周波スイッチング電力変換技術〜共振型電力変換回路〜，およびゼミノート2014，2016.

10) 河村篤男編著：パワーエレクトロニクス学入門―基礎から実用例まで―，コロナ社，2009.

11) 戸川治朗：実用電源回路設計ハンドブック，CQ出版社，1988.

8章　直流–交流変換（インバータ）

　電力変換の4つの方式の内，直流–交流（DC/AC）変換と呼ばれる手法がある。交流（AC）から直流（DC）へ変換するコンバータ（10章）に対して対となるのがインバータである。インバータは電圧と周波数を可変することができるため，電気自動車やエアコンなどのモータ駆動，蛍光灯やIHクッキングヒータの制御，系統連系など幅広い分野で応用されている。本章ではインバータの基本的な原理や回路動作について紹介する。

8.1　単相インバータ

　6章・7章で説明した直流–直流変換では，デューティ比を利用して直流電圧を別の直流電圧に変換していた。インバータではデューティ比を利用して直流電圧を交流電圧に変換して電圧や周波数を可変することができる。本節では基本的な単相インバータの回路原理について説明する。

8.1.1　ハーフブリッジインバータ

　直流電圧から交流電圧を作り出すために2つの電源と2つのスイッチから構成される回路を考える。議論を簡単化するために抵抗負荷 R とする。ハーフブリッジインバータの回路図を図8–1に示す。

　図8–1より直流電源 E が2つ，スイッチ（S1, S2, 実際は半導体スイッチ）が2つ，抵抗 R が1つから構成されている。抵抗負荷に流れる電

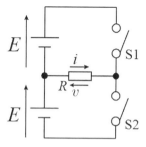

図8–1　ハーフブリッジインバータ回路

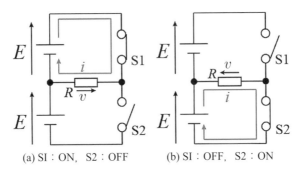

(a) SI：ON, S2：OFF　　　　(b) SI：OFF, S2：ON

図 8–2　ハーフブリッジインバータのスイッチングによる電流経路

流を i，電圧を v としている。抵抗負荷に流れる電流の向きを変更するためには S1 と S2 のスイッチングを利用する。ハーフブリッジインバータの動作原理は以下の通りとなる。

1. S1：ON, S2：OFF とすると電流経路は図 **8–2**（**a**）に示す通り上側の S1 と電源 E のループとなる。このときの電流と電圧の向きを正と取ることにする。

2. S1：OFF, S2：ON とすると電流経路は図 **8–2**（**b**）に示す通り下側の S2 と電源 E のループとなる。このときの電流と電圧の向きは負の向きである。

3. 以下同様の手順を踏む。

　S1：ON における抵抗負荷にかかる電圧と電流は式（8.1），式（8.2）となる。同様に S2：ON においては式（8.3）と式（8.4）と符号が反転するため，S1：ON と S2：ON を交互に繰り返すことで交流を作ることができる。一定周期 T で S1,S2 を交互に ON したときの時間波形は図 **8–3** のようになる。ハーフブリッジインバータの特徴は電源 2 つとスイッチ

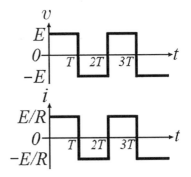

図 8–3　ハーフブリッジインバータの時間応答波形

2つを使用することである。電源2つ必要とする点で本回路は電圧利用率が良くない（電源2つの$2E$に対して出力はE）。実用上を考えるとスイッチング素子の方が安価となるため，単一電源で交流に電力変換するインバータ回路が必要である。

$$v = E \tag{8.1}$$

$$i = \frac{E}{R} \tag{8.2}$$

$$v = -E \tag{8.3}$$

$$i = -\frac{E}{R} \tag{8.4}$$

8.1.2 フルブリッジインバータ

単一電源で4つのスイッチを用いて構成されるのがフルブリッジインバータ回路である。**図 8–4** にフルブリッジインバータ回路図を示す。フルブリッジインバータ回路はスイッチング動作のモードから四象限チョッパ，H ブリッジ回路とも呼ばれている。フルブリッジインバータはモータの正負回転を実現するときに利用される回路方式で一般に広く普及している回路方式である。回路動作について説明する。

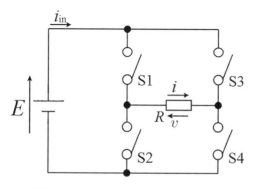

図 8–4 フルブリッジインバータ回路

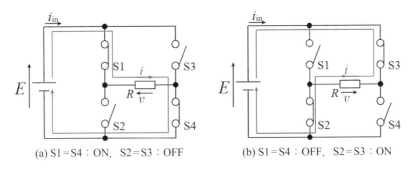

(a) S1 = S4 : ON,　S2 = S3 : OFF　　　　(b) S1 = S4 : OFF,　S2 = S3 : ON

図 8–5　フルブリッジインバータのスイッチングにおける電流経路

1. S1, S4：ON で S2, S3：OFF のとき，図 8–4 より抵抗負荷に流れる電流の向きと電圧の向きは**図 8–5（a）**のようになる。このときの電流電圧の向きを正とする。

2. S1, S4：OFF で S2, S3：ON のとき，図 8–4 より抵抗負荷に流れる電流の向きと電圧の向きは**図 8–5（b）**のようになる。

3. 以下同様に繰り返す。

　S1, S4：ON で S2, S3：OFF のとき，抵抗負荷にかかる電圧と電流はハーフブリッジインバータの式（8.1）と式（8.2）と同様である。また，S1, S4：OFF で S2, S3：ON のとき，抵抗負荷にかかる電圧と電流は式（8.3）と式（8.4）と同じとなる。従って，単一電源とスイッチ 4 つでハーフブリッジインバータの動作を再現し，交流を作り出すことができる。

　また，直流電源 E は 1 つであり，出力電圧も $v = E$ であるので電圧利用率は 100% となる。

　ここで，負荷を RL 負荷に変更して電流の過渡状態を考慮してみる。6 章のチョッパ回路で説明したようにインダクタによって電流は平滑化されることになる。**図 8–6** に RL 負荷におけるフルブリッジインバータの時間波形を示している。図 8–6 より例えば $0 < t < T$ の区間において電流が負の値から正の値へ遷移している。また，$t > T$ 以降で電流が正の値から負の値へ遷移してい

る。このときの動作を説明するために
スイッチは実際に使用される MOSFET
や IGBT 等の半導体スイッチに置き換
える。実際の半導体スイッチは**図 8–7**
のように半導体素子に対して並列に逆接
続したダイオードが接続される。このダ
イオードが還流ダイオードである。

　半導体スイッチを用いたフルブリッジ
インバータ回路は**図 8–8** のようになる。

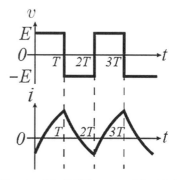

図8-6　RL 負荷時のフルブリッジイン
　　　　バータの時間波形

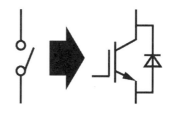

図 8-7　実際の半導体スイッチ

図 8-8 の回路に対して，S1 のスイッチ
の事をアームと定義しており，S1, S2 の
ペアを 1 レグ（2 アーム）と表する。し
たがってフルブリッジインバータは 2 レ
グ（4 アーム）で構成されたインバータ
回路である。RL 負荷における回路動作
を第一象限から第四象限のモードとして
以下にまとめる。実際の回路の各部の波形を**図 8–9** に示す。

1. 第一象限：S1, S4：ON, S2, S3：OFF のとき，電流は S1 と S4 を通っ

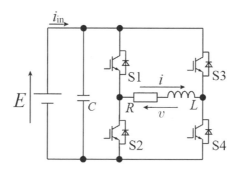

図 8-8　実際のフルブリッジインバータ回路

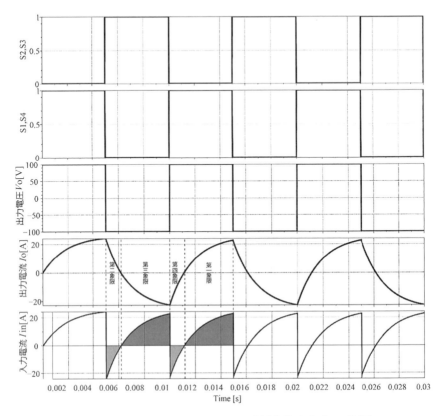

図 8-9　フルブリッジインバータの時間応答波形（RL 負荷）

て電源の負側へ還流する。すなわち力行動作

2. 第二象限：S1, S4：OFF, S2, S3：ON のとき，電流は S2 と S3 を通って電源の負側から電源の正側へ還流する。すなわち回生動作

3. 第三象限：S1, S4：OFF, S2, S3：ON のとき，電流は S2 と S3 を通って電源の正側から電源の負側へ還流する。すなわち力行動作

4. 第四象限：S1, S4：ON, S2, S3：OFF のとき，電流は S1 と S4 の還流ダイオードを通って電源の負側から電源の正側へ還流する。すなわち回生動作

　前述の4つのモードにおいてモータに適用した場合，第一象限の力行動作モードではモータが正回転したとすると，第三象限の力行動作モードではモータは逆回転となる。第一象限は図8-9に示すS1，S4：ON時の入力電流の上側部分である。第三象限はS2，S3：ON時の入力電流の上側部分である。同様に第二象限と第四象限ではそれぞれ正回転逆回転時の回生動作モードである。実用においては，電源と1レグ目の間に電解コンデンサを配置して回生による電流の充放電を行う。コンデンサは電源電圧を安定化させる役割もあるが，電圧の正負切替時に瞬時に充放電動作を切り替えてフルブリッジインバータの動作を実現するための電流の動きを補助する役割をもっている。第四象限は図8-9に示すS1，S4：ON時の入力電流の下側部分である。第二象限はS2，S3：ON時の入力電流の下側部分である。

　また，正回転方向に対してのみ駆動を続ける場合は一方向回転となるため，チョッパ回路のように動作させればよい。正回転動作の場合はS1，S4：ONとしたときにS4は常にON状態として，S1をデューティ比によってON，OFFを切り替えることで電圧を可変でき，モータ速度を可変にできる。その場合は**図8-10**に示す通りとなる。図8-10からわかるようにS1，S4：ONのときにはスイッチ側を電流が流れるのに対して，S1：OFF，S4：ONの場合はS4のスイッチ側とS2の還流ダイオードを通って電流がループする。

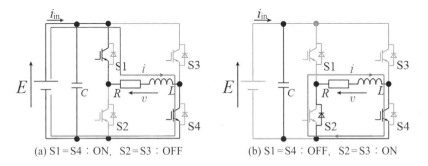

(a) S1＝S4：ON，S2＝S3：OFF　　　(b) S1＝S4：OFF，S2＝S3：ON

図8-10　フルブリッジインバータで一定電圧出力を実現するデューティ比制御時の電流経路

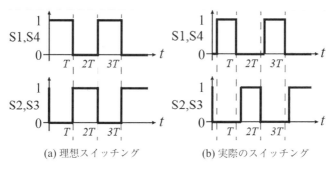

(a) 理想スイッチング   (b) 実際のスイッチング

図 8–11　理想スイッチング（a）と実際のスイッチング（b）

　ここで，実際のフルブリッジインバータに対して注意すべき点がある。それは MOSFET や IGBT などの半導体スイッチにはターンオン時間とターンオフ時間がある。これは同じ時間ではなく，ターンオフ時間の方が長い。瞬時にスイッチングを繰り返すときに S1，S2 が同時に ON となるタイミングが生じてしまう。それによって上下アームが短絡し，大電流が流れて回路が故障する要因となる。そこで，デッドタイムを設けて上下アーム短絡を防止することが一般的である。デッドタイムは MOSFET や IGBT のターンオフ時間に合わせて基本的に設定されており，MOSFET では 1μs，IGBT では 3μs ほどである。デッドタイムを考慮した場合のスイッチングでは図 8–11 に示すようになる。理想スイッチングの場合におけるデッドタイムはゼロであるため，S1，S4：ONと同時に S2，S3：OFF になっている。一方でデッドタイムを考慮する場合は S2，S3：OFF 後デッドタイム分遅れて S1，S4：ON としている。これは完全に S2，S3 が OFF になってから切り替えている。これによって上下アーム短絡を防止している。

8.2　三相インバータ

　三相インバータの駆動回路には大きく分けて電圧型インバータと電流型インバータがある。本節では一般的に普及している電圧型インバータに着目して紹

介する。図 **8–12** に三相インバータ回路を示す。このとき三相負荷は三相抵抗
として扱う。前節までで述べたフルブリッジインバータの方形波駆動と基本的
には変わらず三相方形波駆動を行う。ここで，電圧ベクトルと動作モードの対
応を図 **8–13** に示す。v_1 から v_6 は 3 レグのスイッチングによって三相電圧ベク
トルを出力する領域であるが，他に v_0 と v_7 のゼロ電圧ベクトルがある。ベク
トル制御や 3 倍波重畳による高調波抑制などで利用するが，本書では省略する。
方形波の三相電圧によって回転ベクトルを作る必要があるため，v_1 から v_6 まで
の 6 ステップで動作を行う。この方式を 6 ステップ駆動方式と呼ぶ。6 ステッ
プ駆動時の時間波形との対応は図 **8–14** と図 **8–15** に示す。図からわかるよう
に 120 度毎に位相がずれた三相方形波が実現されていることが確認できる。こ
のとき三相抵抗はスイッチングの条件によって分圧の形が変わる。例えば S1,

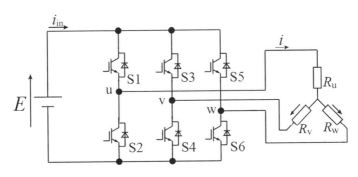

図 8–12　三相インバータ回路

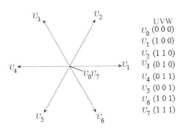

図 8–13　電圧ベクトルと動作モードの対応

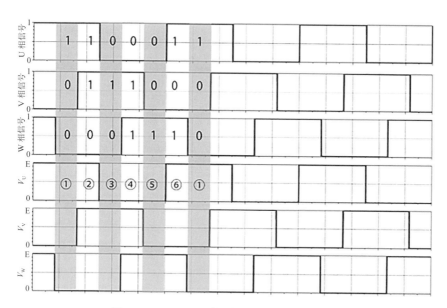

図 8-14　6 ステップ駆動における動作モード

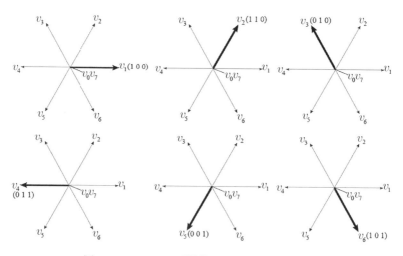

図 8-15　6 ステップ駆動における電圧ベクトル

S3, S6：ON としたとき，電流は電源 E の正側から U 相，V 相から流れて W 相から電源の負側へ還流する。このとき，中性点電位は $E/3$ となる。また S1, S4, S6：ON としたとき，電流は電源 E の正側から U 層から流れて V 相，W 相を通って負側へ還流する。このときの中性点電位は $2E/3$ となる。

演 習 問 題

(1) 6 ステップ駆動時の各モードの時間応答を確認せよ。負荷は三相抵抗 R とする。

(2) また，(1) の三相負荷を RL 負荷としたとき，時間応答はどうなるだろうか。

(3) 6 ステップ駆動時の各モードにおける三相抵抗負荷における電圧印加時の中性点電位について調査せよ。直流リンク電圧を $\pm E/2$ として中性点電位を設けた場合，中性点電位から見たインバータ出力は $\pm E/6$ となることを確認せよ。

演 習 解 答

(1) 三相抵抗負荷は位相遅れがないため，6 ステップ駆動時の三相電圧波形に対して抵抗で除算した電流値をもってそのまま電流波形となる。時間応答波形は割愛する。

(2) 図 8–9 にある単相インバータの RL 負荷時の電流応答と同様に考えて RL 回路の過渡応答を考えることで三相電流応答を描くことができる。ただし，三相電圧波形となるため，三相電圧の大小関係に合わせて RL 回路の過渡応答を考える必要がある。時間応答波形は**解答図 1** に示す。

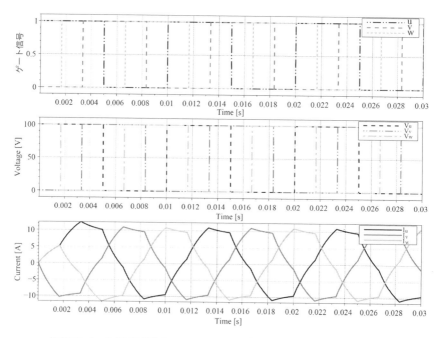

解答図–1　3 相電圧型インバータの RL 負荷時における時間応答波形

(3) 直流リンク電圧を $\pm E/2$ とするとき，仮想中性点電位から見た三相抵抗負荷の中性点電位までの電圧降下 V_{no} を計算すると**解答図 2** に示すように 2 つの直並列回路として見なすことができる。6 ステップ駆動時の各モードにおいてそれぞれの中性点電位までの電位を求めると $V_{no} = \pm E/6$ となる。

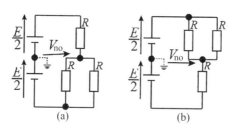

解答図–2　6 ステップ駆動時の三相抵抗負荷の回路動作

9章 波形制御によるインバータの高調波出力改善

　前章で説明したインバータは直流を交流に変換する回路であったが，波形は方形波を正負に交互に出力するもので，通常イメージされる正弦波交流とは異なっていた。正弦波ではない交流は装置動作上，色々な問題を引き起こす。ここでは非正弦波によって起こる問題と，インバータの出力波形を単純な方形波ではなく，正弦波に近づける方法について説明する。

9.1　インバータと高調波

　2章で学んだように，パワーエレクトロニクス技術で扱う方形波のようなひずみ波は，フーリエ級数展開すると必要としている基本波の周波数以外に高い周波数の数多くの周波数成分を含んでいることがわかる。この基本波より高い周波数成分のことを高調波という。この高調波は電気機器に重大な障害を引き起こす場合がある。

　近年はパワーエレクトロニクス技術の進歩に伴い，様々な機器にパワーエレクトロニクスの技術が搭載されるようになった。このような機器から高調波が発生すると他の機器に障害を引き起こす恐れがあり，対策が求められている。馴染みのある言葉でいうと"ノイズ"は高調波障害の1つである。

　高調波が電気機器に障害をもたらす経路は**図 9–1** に示すように大きく分けると2つある。1つは電力線を高調波が伝わり他の機器に障害をもたらす場合，もう1つは高調波が電磁波として放射され他の機器に誤動作等を引き起こす場合，等がある。これらは電磁障害（electro magnetic interference：EMI）と呼ばれ，伝導による高調波障害は，電気機器への高周波電流流入による過熱，焼損，振動や異音発生，高周波電圧印加による誤動作がある。電磁波による障害は

EMI として他電子機器，特に最近のコンピュータチップにより高度な動作制御を行っているような機器では，動作停止，動作異常を起こすことがあり安全に関わるような事態が発生することがある。そのため電磁両立性（electromagnetic compatibility：EMC）の対策・設計が必要とされている。

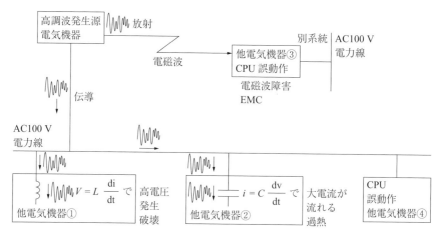

図 9-1　高調波が引き起こす問題

9.2　PWM インバータ（正弦波 PWM 制御）

前節で解説したように，インバータの方形波に含まれる高調波成分は電気機器に様々な障害を引き起こすので，高調波の少ない出力波形を得ることが重要である。ここではパルス幅を制御することで出力を単純な方形波ではなく正弦波に近づけ，出力波形に含まれる高調波を少なくする方法について述べる。

パルス幅を制御して出力を正弦波に近づける方法をパルス幅変調（pulse width modulation：PWM）制御という。PWM インバータはデューティ比によって電圧幅すなわちパルス幅を変調する方式であり，6 章のチョッパ回路で説明した降圧チョッパ回路の考え方を利用している。つまり，**図 9-2** に示すように正弦波

の電圧振幅が大きいときはパルス幅を大
さく，電圧振幅が小さいときはパルス幅
を小さくし，平均的に正弦波の大きさに
なるように逐次パルスの出る時間，デュー
ティ比を変えることで電圧の大きさを調
整している。6章のような直流回路では

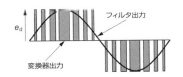

図9-2　PWM の基本波形（ユニポー
ラ波形制御）

チョッパ制御あるいはデューティファクタ制御という場合が多いが，交流回路
の場合は PWM 制御という。図 9–3 に PWM インバータの回路を示す。基本
的に PWM インバータはインバータ回路自身が変わっているわけではない。イ
ンバータのアームのスイッチを制御する信号を変えることで実現している。図
9–3（a）にはその制御回路の一例を示している。

　図 9–2 のような正弦波の大きさに合わせたパルス幅の制御信号を作り出すた
めには，図 9–4 のように，入力した三角波の信号（キャリア信号）と正弦波指令
信号の大きさを比較し，正弦波信号が三角波信号より大きければスイッチにオ
ン信号を出し，小さければオン信号を出さない制御を行っている。これにより
大きさの情報を時間の情報に変換し，図 9–4（b）のような出力波形を得ている。

　図 9–5 は図 9–3 の PWM インバータ制御回路の各部の動作波形を示してい
る。e_a の正弦波指令信号と e_b の三角波キャリア信号が比較器に入れられる。比
較器で演算され $e_a > e_b$ であれば正の信号，$e_a < e_b$ であれば負の信号が比較
器から出力される（A の信号）。A の信号は論理回路 IC のバッファ回路とイン

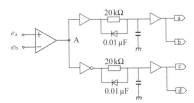

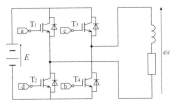

(a) パルス幅制御回路（バイポーラ波形）　　(b) 単相ブリッジインバータ回路

図 9–3　バイポーラ波形制御の PWM インバータの回路

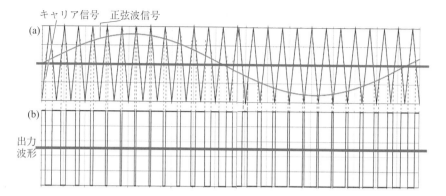

図 9-4　信号比較によるパルス幅変調の原理（バイポーラ波形制御）

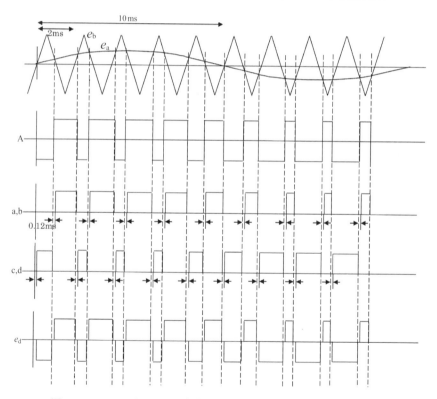

図 9-5　PWM インバータ制御回路（バイポーラ波形）制御の動作

バータ回路に入れられ，バッファ回路で負側の信号がカットされ，インバータ回路で信号の正負が反転した後，負の信号がカットされて出力される。その後，RC のデッドタイム生成回路にて 0.12 ms（論理回路 IC のしきい値を 0.6 CR としている）のデッドタイムが生成された後，バッファ回路で波形が成形されインバータ回路へと入力されインバータ出力が生成される。

図 9–3 の回路による制御は，図 9–5 において正方向，あるいは負方向の正弦波を得るための出力電圧 e_d が正負両方のパルスが表れる波形となっている。このような波形で制御するとバイポーラ波形制御という。一方，図 9–2 のような正方向の正弦波を得るときには出力として正方向のパルスのみ，負方向の正弦波を得るときには出力として負方向のパルスのみを出力するように波形を制御することをユニポーラ波形制御という。

9.3 マルチレベルインバータ

PWM インバータでは出力するパルスの幅を変えることでインバータの出力を単純な方形波ではなく正弦波に近づけるように制御していた。これに対してマルチレベルインバータは出力の電圧値を変えることで出力波形を正弦波に近づける方法である。

これまで勉強してきたインバータは出力電圧が 0 点を中心として E か $-E$ の電圧のどちらかを出力する回路であった。これを 0 と E の 2 つのレベルの電圧値を出すということで 2 レベルインバータという。マルチレベルインバータとは出力する電圧値を分割した直流電圧電源を用いることで途中の値の電圧値を出せるようにしたインバータである。例えば出力値を 2 分割した大きさの直流電源を用いると図 9–6 のように 0，$\pm E/2$，$\pm E$ の 3 つのレベルの電圧値を出力できる。出力値を n 分割した電源を用いる

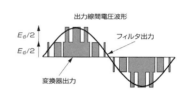

図 9–6　3 レベルインバータの基本波形

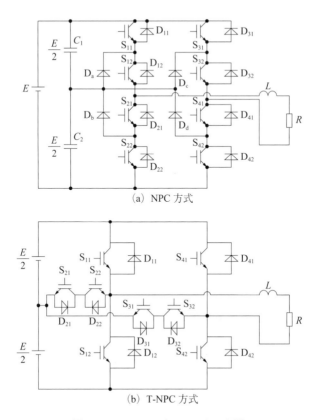

(a) NPC 方式

(b) T-NPC 方式

図 9-7　3 レベルインバータの回路

と，$n+1$ レベルの出力電圧を得ることができる。このように，出力電圧の中間値を用いることでインバータの出力波形を正弦波に近づけることができ，高調波ノイズを低減することができる。

　ここでは 3 レベルインバータについて説明する。図 9-7 は 3 レベルインバータの回路を示している。3 レベルインバータには**図 9-7 (a)** の NPC (neutral point clamped) 方式と (b) の T 型 NPC 方式がある。

　図 9-8 に NPC 方式の 3 レベルインバータの動作を示す。スイッチ S_{11}〜S_{42} のオンオフを図のように切り替えることで負荷の電圧 V_O を 0，$\pm E/2$，$\pm E$ に

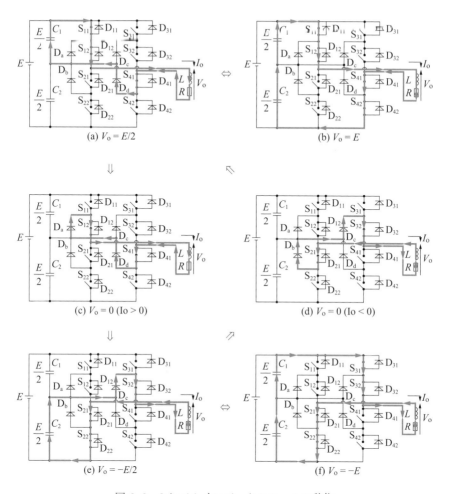

図 9–8 3 レベルインバータのアームの動作

切り替えることができる。なお $V_0 = 0$ に関しては 2 レベルインバータと同様のアームのスイッチオンオフ状況でも可能である。3 レベルインバータでは同時に PWM も行うことでより高周波を抑制した波形成型が可能となる。

演 習 問 題

(1) **問題図 9–1**（b）のような信号で（a）のインバータ回路のスイッチを制御
　　している。以下の問いに答えよ。

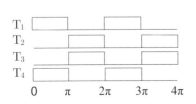

（a）スイッチのオンオフ信号

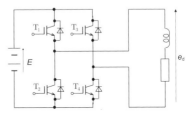

（b）単相ブリッジインバータ回路

問題図 9–1　インバータ回路

　　1）出力電圧波形 e_d を図示せよ。

　　2）1）で図示した出力電圧波形 e_d をフーリエ級数展開せよ。

　　3）フーリエ級数展開した高調波各項の次数を横軸とし，10 次までの高調
　　　　波の振幅の割合を，基本波の振幅を 1 として図示せよ。

(2) 方形波駆動と PWM 駆動の違いについて述べよ。

(3) **問題図 9–2**（b）のような単相ブリッジインバータにユニポーラ波形の PWM
　　制御を行い，出力の平均値を正弦波状にしたい。そのため問題図 9–2（a）
　　のような IGBT スイッチ T_1，T_2，T_3，T_4 の制御回路を用意した。この
　　制御回路に図 9–5 に示す e_a, e_b のような信号を入力したときの A 点，B
　　点，C 点，D 点の波形をそれぞれ描け。また，出力端子 a, b, c, d をどの
　　IGBT につなげば PWM インバータが動作し e_d に波形が得られるか。そ
　　れぞれのスイッチに線をつないだ場合の e_d の波形を図示せよ。入力する
　　信号波 e_a の正弦波の周期は 50 Hz，キャリアとして使う三角波の周波数は
　　500 Hz である。

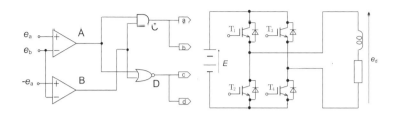

(a) パルス幅制御回路（ユニポーラ波形）(b) 単相ブリッジインバータ回路

問題図 9–2　ユニポーラ波形制御の PWM インバータの回路

演 習 解 答

(1) 1)

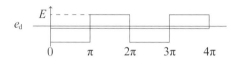

2)　n は正の整数

$$B_{2n-1} = \frac{1}{\pi} \int_0^{2\pi} f(\omega t) \sin(2n-1)\omega t\, d\omega t$$

$$= \frac{1}{\pi}\left[\int_0^{\pi} E\sin(2n-1)\omega t\, d\omega t - \int_{\pi}^{2\pi} E\sin(2n-1)\omega t\, d\omega t\right]$$

$$= \frac{2E}{\pi}\left[\frac{-\cos(2n-1)\omega t}{2n-1}\right]_0^{\pi} = \frac{4E}{\pi(2n-1)}$$

$$f(\omega t) = \frac{4E}{\pi}\sin\omega t + \frac{4E}{3\pi}\sin 3\omega t + \frac{4E}{5\pi}\sin 5\omega t + \frac{4E}{7\pi}\sin 7\omega t + \cdots$$

$$= \sum_{m=1}^{\infty} \frac{4E}{(2m-1)}\sin(2m-1)\omega t$$

3)

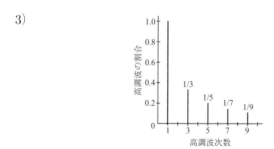

(2) PWM 駆動はパルス幅を制御することで出力を単純な方形波ではなく正弦波に近づけ，出力波形に含まれる高調波を少なくできる。

(3)

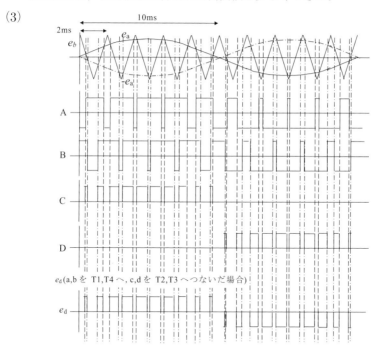

引用・参考文献

1) 河村篤男編著：パワーエレクトロニクス学入門（改訂版），コロナ社，2009年.
2) 江間 敏，高橋 勲：パワーエレクトロニクス，コロナ社，2007年.

10章 交流–直流変換（整流回路）

　整流は，ダイオード，サイリスタ，トランジスタ，またはコンバータによって，振動する正弦波交流電源を一定の直流電圧に変換する方法である。この整流方法は，半波，全波，非制御および制御型整流素子によって，単相または三相交流電圧を一定の直流電圧に変換する。本章では，単相整流，全波整流について見ていく。

10.1　単相半波整流回路

　半波整流器の構成は，入力とする交流電源波形の正の半分を通過させ，負の半分を除去するものである。ダイオードの向きを逆にすることで，交流波形の負の半分を通過させ，正の半分を除去することができる。従って，出力波形は正または負のパルスの連続となる。

　負荷抵抗 R_L にかかる電圧は，入力電源の周期の半分の間だけ動作するため，正または負のどちらかの半波形のみとなり，そのため半波整流器という名称がついている。

　図 10–1 に示すような，脈動する出力電圧波形は，1 周期の半分の時間のみに表れる波形となり，純抵抗負荷ではこの脈動成分が最大となる。このとき正弦波形の 2 分の 1 にかかる平均直流値 V_ave は，$2/\pi = (0.637) \times V_\mathrm{max}$（最大振幅）となる。しかし，逆バイアスされたダイオードによって負の半周期が取り除かれると，この負の半周期を含めた波形の平均値は，半分となる。

　従って，半波整流器の電圧の平均値 V_ave は，次のように与えられる。図のように抵抗負荷であれば，平均値と最大振幅の関係は同じとなる。

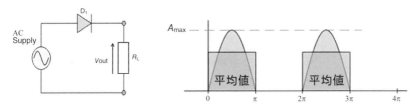

図 10–1　単相半波整流回路と出力波形

$$V_{\mathrm{ave}} = 1/\pi \cdot V_{\max} \tag{10.1}$$

このとき実効値 V_{rms} は以下となる。

$$V_{\mathrm{rms}} = 1/2 \cdot V_{\max} \tag{10.2}$$

　また，コンデンサを負荷と並列に接続することで脈動電圧を低減させることができる。しかし，コンデンサの値に対して，負荷電流が大きいほど（負荷抵抗が小さいほど），コンデンサの放電時間が短くなるため（RC 時定数による），生じる脈動電圧も大きくなるため，パワーダイオードを使用した単相半波整流器では，コンデンサの平滑化だけでリップル電圧を下げることはあまり現実的ではない。出力電圧の振幅が入力より小さいこと，負の半周期には出力がないため電力の半分が無駄になること，負荷の値によっては出力の脈動が大きくなることもあり，複数のパワーダイオードを接続した全波整流器を用いることも多い。

10.2　単相全波整流回路

　全波整流器は，複数の整流ダイオードを用いて，波形周期の両半分ずつを直流に変換する。前節では，負荷抵抗に平滑コンデンサを接続して，直流電圧のリップルや電圧変動を低減できると述べたが，この方法は，低消費電力のアプリケーションには適しているものの，より滑らかな直流電圧を必要とするアプリケーションには不向きである。これを改善する手段の 1 つが，全波整流器と

呼ばれる入力電圧の半周期ごとに半導体（ダイオード）を利用する回路である。

10.2.1　全波整流器

全波整流器の一例を**図 10–2** に示す。この回路では，2 つのダイオードが接続され，周期の各半分に対して 1 つずつ利用される。入力側には変圧器を使用し，その 2 次側は，共通のセンタータップ式で中央部（A 点）が 0 V となる。この回路をセンタータップ式整流器と呼ぶ。

2 個のダイオードを 1 個の負荷抵抗 R_L に接続し，各ダイオードが順番に負荷に電流を供給する構成である。トランスの B 点が A 点に対して正であるとき，ダイオード D_1 は矢印で示すように順方向となり導通する。

C 点が A 点に対して正（負の半周期）のときは，ダイオード D_2 が順方向に導通し，抵抗 R に流れる電流はどちらの半周期も同じ方向となる。抵抗 R の出力電圧は 2 つの波形を合わせた波形となる。

この構成により，各ダイオードのアノード端子がトランスの中心点 A に対して正であるとき，各ダイオードがそれぞれターンオンし，両方の半周期で出力電圧が得られるため，平均値は半波整流器の 2 倍になる。

$$V_{ave} = 2/\pi \cdot V_{max} \tag{10.3}$$

このとき実効値 V_{RMS} は以下のようになる。

$$V_{rms} = 1/\sqrt{2} \cdot V_{max} \tag{10.4}$$

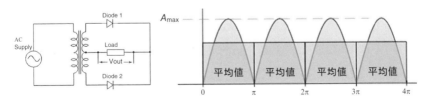

図 10–2　単相全波整流回路と出力波形

10.2.2　ブリッジ整流器

　上記の全波整流器と同じ出力電圧波形を生成するもう 1 つの回路は，**図 10–3** に示すようなブリッジ整流器である。このタイプの単相整流器は，ブリッジ構成で接続された 4 個のダイオードを使用して，出力電圧が生成される。このブリッジ回路の主な利点は，センタータップ付きのトランスを必要としないため，サイズとコストを削減できることである。入力側は，下図のようにダイオードブリッジの片側に接続され，もう片側には負荷が接続されている構造である。

　図中の 4 個のダイオードの内，入力となる交流半周期に 2 個のダイオードのみが導通する。図中では入力の正の半周期の間，ダイオード D_1 と D_2 が導通し，ダイオード D_3 と D_4 は逆バイアスされ，下図のように負荷に波形が生じる。負の半周期の間，ダイオード D_3 と D_4 は導通するが，ダイオード D_1 と D_2 は逆バイアスとなるが，負荷に流れる電流の方向は変わらないことが特徴である。

　また，4 個のパワーダイオードを使用して全波ブリッジ整流器を作ることもできるが，ブリッジ整流器として，様々な定格で既製品として入手できるため，PCB 基板に直接はんだ付けしたり，コネクタ接続することも可能である。

　また，半波整流器と同様に負荷と並列に平滑コンデンサを使用することで，出力電圧の脈動を低減させることができる。脈動電圧 V_{ri} は，平滑コンデンサの値だけでなく，周波数や負荷電流によっても決まり，次のように従う。

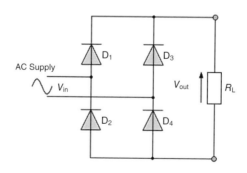

図 10–3　ブリッジ整流器

$$V_{\mathrm{ri}} = I_{\mathrm{DC}}/2\,f\,C \tag{10.5}$$

ここで I_{DC} は平均負荷電流，f はリップルの周波数または入力周波数，C は静電容量である。脈動分は，π フィルタを出力端子に追加接続することによって，除去することもできる。このローパスフィルタは，通常同容量の 2 つの平滑コンデンサと，その間のチョークコイルで構成され，交流リップル成分に対して高インピーダンスとなるため除去できる仕組みである。

10.3 三相全波整流回路

単相整流と同様に，三相整流はダイオード，サイリスタ，トランジスタを使用し，半波，全波，非制御および完全制御によって三相電源を一定の直流に変換する。ほとんどのアプリケーションでは，三相整流器は主電源から直接供給されるが，接続された負荷に要求される電圧値が異なる場合は三相変圧器から供給される場合がある。

前節の単相整流器と同様に，最も基本的な三相整流回路は，**図 10–4** のように各相に 1 つずつ，3 つの半導体ダイオードを使用する非制御半波整流回路である。

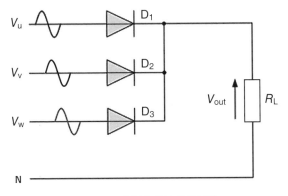

図 10–4 非制御半波整流回路

10.3.1　非制御半波整流回路

各ダイオードは，各相ごとに接続され，3 つのダイオードのカソードは同じ点に接続されている。この共通点が負荷のプラス（＋）端子となり，負荷のマイナス（－）端子が電源のニュートラル（N）に接続される。図 10–4 に示すように V_u–V_v–V_w の位相で，U 相（V_u）が 0° で始まると仮定する。最初に導通するダイオードはダイオード 1（D_1）であり，そのアノードの電圧はダイオード D_2 や D_3 よりも高い。このように，ダイオード D_1 は V_u の正の半サイクルの間，D_2 および D_3 が逆バイアス状態である間，導通する。

電気角が 120° のとき，ダイオード 2（D_2）は V_v の正の半サイクルのために導通し始める。このとき，アノードはダイオード D_1，D_3 よりもプラスになり，逆バイアスのため両方ともオフになっている。同時に V_w が増加し始め，ダイオード 3（D_3）のアノードがより正になるためターンオンし，ダイオード D_1 および D_2 がオフとなる。

図 10–5 に示す抵抗負荷の波形から，半波整流器では各ダイオードが各サイクルの 3 分の 1 ずつ電流を流す。従って，1 サイクルに 3 つの電圧ピークがあり，単相電源から三相電源に相数を増やすことで，電源の整流が改善され，出力直流電圧がより滑らかになり，リップルが減少することとなる。

三相半波整流器の場合，電源電圧 V_u V_v V_w は平衡状態にあり，120° ずつ位相差がついている。

$$V_u = V_P \cdot \sin(\omega t - 0°) \tag{10.6}$$

$$V_v = V_P \cdot \sin(\omega t - 120°) \tag{10.7}$$

$$V_w = V_P \cdot \sin(\omega t - 240°) \tag{10.8}$$

従って，三相半波整流器からの出力電圧波形の平均直流値は，次のように与えられる。

$$V_{DC} = 3\sqrt{3} \cdot V_p / (2\pi) \tag{10.9}$$

電圧供給ピーク電圧 V_P は $V_{RMS} \cdot 1.414$ に等しい。

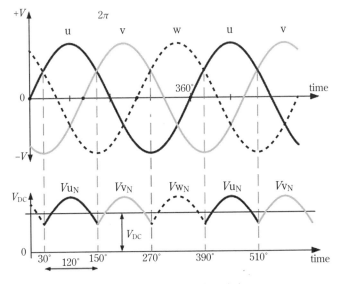

図 10–5 非制御半波整流出力

10.3.2 全波三相整流

前節同様，u-v-w の相回転（V_u–V_v–V_w）を想定し，u 相（V_u）が 0° からスタートする。各相は，図 10–6 のように一対，2 個のダイオードに接続され，一方のダイオードは負荷のプラス（＋）側に，他方のダイオードは負荷のマイナス（−）側に接続され，電力を供給する。

ダイオード D_1 D_3 D_2 D_4 は u 相と v 相の間にブリッジ整流回路を形成しており，同様にダイオード D_3 D_5 D_4 D_6 は v 相と w 相の間に，D_5D_1 D_6D_2 は w 相と u 相の間に，それぞれ整流回路が形成されている。

非制御三相整流において，各導通経路は直列の 2 つのダイオードを通過することがわかる。従って，合計 6 個の整流ダイオードが必要であり，回路の整流は 60 度ごと，つまり 1 サイクルに 6 回行われる。

導通を考える際，30° から始めると，負荷電流に対する導通パターンは次のようになる：D_{1-4} D_{1-6} D_{3-6} D_{3-2} D_{5-2} D_{5-4} となり，次の相順で再び D_{1-4} と D_{1-6} に戻る。

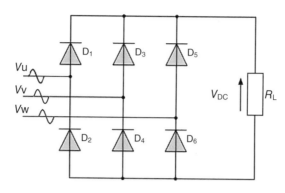

図 10–6　非制御全波整流出力

　この回路では，各ダイオードは各サイクルで 120°（3 分の 1）導通するが，2
つのダイオードが対になって導通するため，各ダイオードの対は下図のように
1 回のサイクルで 60°（6 分の 1）だけ導通することになる。従って，三相全波
整流器からの出力波形の直流電圧平均値は，次のように与えられる。

$$V_{\mathrm{DC}} = 3\sqrt{3} \cdot \mathrm{V_s}/\pi \tag{10.10}$$

V_S は $(V_{\mathrm{L(peak)}} \div \sqrt{3})$ に等しく，ここで $V_{\mathrm{L(peak)}}$ は最大線間電圧 $(V_{\mathrm{L}} \times 1.414)$
である。

　非制御の三相整流では，ダイオードを使用して，入力交流電圧の値に対して
一定の平均出力電圧を提供する。整流器の出力電圧を変化させるには，非制御
のダイオードの一部または全部をサイリスタに置き換えた，完全制御のブリッ
ジ整流器を作成する必要がある（**図 10–7**）。

　サイリスタは 3 端子の半導体素子で，サイリスタのゲート端子のアノード–カ
ソード間電圧が正のときに適当なトリガーパルスを印加すると，サイリスタが
導通して負荷電流を流すことができる。

　そこで，トリガーパルスのタイミング（制御角）を遅らせることで，通常の
ダイオードであればサイリスタが自然にターンオンになる瞬間と，トリガーパ
ルスが印加されて導通を開始する瞬間をずらすことができる。

　このように，ダイオードの代わりにサイリスタを使用した制御型三相整流では，サイリスタ対の制御角を制御することで平均直流出力電圧の値を制御でき，その電圧値は制御角 α の関数になる。

　従って，三相ブリッジ整流器の平均出力電圧について上述した式と異なるのは，制御角だけである。従って，制御角が 0 の場合（$\cos(0) = 1$），この回路は以前の三相非制御ダイオード整流器と同様に動作し，平均出力電圧も同じになる。

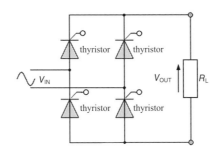

図 10–7　制御型サイリスタブリッジ

演 習 問 題

　LTspice 等を用いて平滑コンデンサ付き全波整流器をシミュレーションしなさい。

　平滑コンデンサの容量は，$1.0\,\mu\mathrm{F}$，$10\,\mu\mathrm{F}$ として出力波形を比較せよ。負荷抵抗は $1\,\mathrm{k}\Omega$ として，ダイオードの順方向電圧は考慮しなくてよい。

演 習 解 答

○ $1.0\,\mu\mathrm{F}$ の平滑コンデンサを使用した場合

　　波形のプロットは，$1.0\,\mu\mathrm{F}$ の平滑コンデンサを使用した出力波形である。平滑コンデンサを接続しない場合は，負荷電圧は整流出力波形に追従して $0\,\mathrm{V}$ まで下がっていた。ここで $1.0\,\mu\mathrm{F}$ のコンデンサは最大電圧まで充電さ

れるが，最大電圧から 0 V に下がるとき，回路の RC 時定数によって，コンデンサの放電時間が決定される。

　　シミュレーションでは，充電コンデンサは，次の正の半周期で再びコンデンサが充電されるまで，負荷抵抗の電圧を維持することがわかる。このため，負荷抵抗にかかる直流電圧は，わずかな低下ですむこととなる。

○ 10 μF の平滑用コンデンサを使用する場合

　　平滑コンデンサの値を 1.0 μF から 10 μF へと 10 倍に増やすと，脈動が減少する。シミュレーションでは 1 kΩ の負荷としたが，その値が低下すると負荷電流が増加し，コンデンサがより急速に放電することとなる。平滑コンデンサ 1 個で重負荷へ供給した場合，大容量のコンデンサを使用することで，より多くのエネルギーを蓄え，充電パルス間の放電を少なくすることができる。一般に直流電源回路では，平滑コンデンサは 100 μF 以上の容量値をもつアルミ電解タイプでコンデンサは最大電圧まで充電される。

　　平滑コンデンサは，負荷のインピーダンスと出力電圧に重畳する脈動の量の 2 つが容量を決める重要な因子となる。静電容量値が低すぎると，コンデンサは出力波形にほとんど影響を与えない。平滑コンデンサが十分に大きく，負荷電流が大きすぎなければ，出力電圧は直流とほぼ同じ滑らかさになる。一般的に，出力電圧によるが脈動電圧はピークからピークまで 100 mV 未満になることが望ましい。

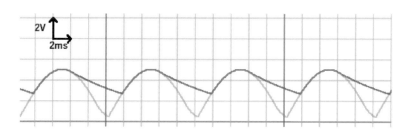

解答図 10–1　シュミレーション出力波形
（上側の波形が 10μF，下側の波形が 1.0μF，50Hz の交流電圧源を用いた）

11章　交流–交流変換

　前章までは直流–直流変換，直流–交流変換，交流–直流変換について述べてきたが，電力系統からモータ等を駆動する場合には交流入力交流出力の交流–交流変換が必要になる。本章では，複数の電力変換回路を組み合わせて間接的に交流–交流変換を実現する電力変換器と，交流から交流へ直接変換する電力変換器について学ぶ。

11.1　交流–交流間接変換（交流–直流–交流変換）

　エアコンや冷蔵庫などのモータ家電を効率良く駆動するためには，電力系統とは異なる周波数の交流電圧が必要となる。このとき，10章で学習した交流–直流変換（整流回路）と8章で学習した直流–交流変換（インバータ）を組み合わせ，直流部を接続することで交流–交流変換を行える。しかし，10章で述べたダイオードを用いた整流回路では，電源電流 i_s は直流電圧より電源電圧が高いときにしか流れず**図 11–1** に示すような波形となり，正弦波状にはならない。また，直流電圧が振動しないようにキャパシタンスを大きくすると電源電流は

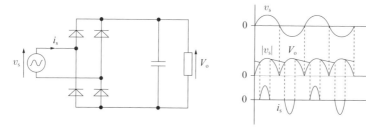

図 11–1　単相ダイオードブリッジ整流器の各部波形

更にパルス状となり，電源高調波量が増える。負荷容量によっては 2.5.2 節で述べたような高調波ガイドラインの規制値を満たせないため，実際には高調波を抑制する **PFC**（power factor correction：力率改善）回路が必要となる。

11.1.1　PFC 回路とインバータの組合わせ

図 11–2 にモータ家電等を駆動する際に一般的に使用される単相–三相電力変換器を示す[1,2]。

PFC 回路は単相ダイオードブリッジ整流器と昇圧チョッパ回路の組合わせで構成され，電力系統の単相電圧 v_s を直流電圧 V_o へ変換している。後段に接続されたインバータでは，交流モータを駆動するため直流電圧を三相交流電圧へ変換しており，電力系統と異なる電圧・周波数の交流電圧が得られる。

図 11–3 に示す制御回路で PFC 回路を制御した場合，昇圧チョッパ部のスイッチは電源電流が正弦波状になるようスイッチングが行われ，電圧を昇圧しつつ**図 11–4** に示すような正弦波電源電流が得られる。

図 11–3 の制御回路で電源電圧 v_s に同期したインダクタ電流指令 i_L^* を演算することで，インダクタ電流 i_L は指令に追従するよう制御され，図 11–4 のように全波整流された波形となる。電源電流 i_s とインダクタ電流 i_L はダイオードにより整流される前後の関係にあるので，インダクタ電流 i_L を全波整流波形

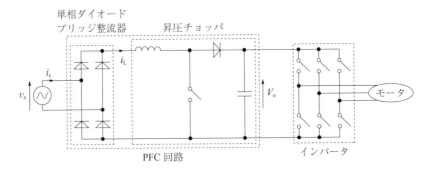

図 11–2　一般的な単相–三相電力変換器

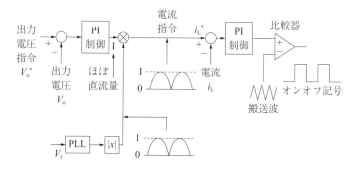

図 11–3　PFC 回路を連続モード制御で動かす場合の一例

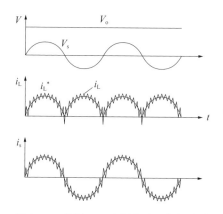

図 11–4　連続モード制御時の各部波形

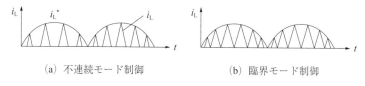

(a) 不連続モード制御　　　(b) 臨界モード制御

図 11–5　他の電流制御方式

に制御することで電源電流は正弦波状となる。また，図 11–3・4 で挙げた連続
モード制御での電流制御の他にも，インダクタ電流が**図 11–5** のような波形と
なるように不連続モード制御，臨界モード制御で制御する手法もある。

　本書では波形が見やすいようにスイッチング周波数が非常に低い波形を載せ
ているが，実際のスイッチング周波数は可聴周波数以上に設定されることが多
い。また，電源電流に残存したスイッチングによる電流リップルは，LC フィ
ルタ回路を用いて除去する。

　連続モード制御ではインダクタに電流が流れている状態で昇圧チョッパでの
スイッチングをするため，スイッチング損失が大きく発生するハードスイッチ
ングとなってしまうが，不連続モード制御・臨界モード制御では電流がゼロに
なってからスイッチを ON し，電流を増加させる。このため，ON 時のスイッ
チング損失がほぼゼロとなるソフトスイッチングが行われる。一方で，不連続
モード制御・臨界モード制御は連続モード制御に比べ電流リップルが大きくな
るため，リップル除去用の LC フィルタが大きくなってしまう。ソフトスイッ
チングでスイッチングによる損失を抑え，かつ電源電流のリップルを減らす手
法としては，図 11–6 に示すように昇圧チョッパを並列接続しインターリーブ
方式で駆動する例もあり，並列接続で電流容量が増えるため中大容量での使用
が多い [3, 4]。並列接続した昇圧チョッパは，各インダクタに流れる電流 i_{L1}，i_{L2}
が逆位相となるように 180 度位相をずらして動作させる。電源電源は 2 つのイ

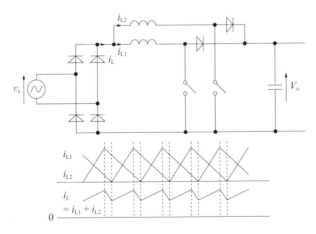

図 11–6　インターリーブ方式

ンダクタ電流の和となるため，逆位相の電流リップルは打ち消し合い，電源に流れる電流 i_L のリップルが低減される。また電源電流のリップルは，各インダクタ電流のリップルに比べ周波数が倍になる特徴もある。

いずれの手法でも，PFC 回路の出力電圧 V_o はほぼ一定になるよう制御が行われる。インバータは一定に保たれた電圧を基に，所望の動作となるよう負荷側の電圧・電流制御を行う。このとき，PFC 回路側の制御とインバータ側の制御が干渉しないようにするため，2 つの電力変換器の間に使用される電圧平滑用のキャパシタには大容量の電解コンデンサが用いられる。

上記のような大容量電解コンデンサを使用する単相−三相電力変換器は，スイッチング素子を用いた PFC 回路等の電力変換器を利用することで電源高調波を大きく低減できるものの，大容量の受動素子を使用しなければならない。また，制御アルゴリズムを工夫することで受動素子容量の低減を図る方式が数多く提案されている一方，装置の更なる小型軽量化およびコスト削減には限界がある。

11.1.2　アクティブパワーデカップリング

単相の電力系統からモータ等を駆動する単相−三相電力変換器では，モータは一定のトルク（電力）を供給して駆動する一方，単相電力は正弦波電圧と正弦波電流の積となるため電源周波数の 2 倍で脈動する。前節のシステム構成では，この脈動が直流部に現れないようキャパシタを大容量にする必要があり，これが小型軽量化およびコスト削減を妨げとなっている。

近年では，スイッチング素子を用いた電力変換器を直列または並列に接続し，電力の充放電を制御することで電力脈動をアクティブに補償するアクティブパワーデカップリング技術について多くの研究が行われている。一般的に電力を充放電し，電流・電圧を制御する技術として電力用アクティブフィルタがよく知られているが，この技術を単相の電力脈動補償に用いたのがアクティブパワーデカップリングである。図 **11−7** に示すように交流−直流変換回路にパワーデカップリング回路を組み込む手法や，交流−直流変換回路と直流−交流変換回路

図 11-7　アクティブパワーデカップリング

　の間にパワーデカップリング回路を組み込む構成も提案されている [5]。どちら
の構成でも，単相の脈動電力とインバータ出力である直流一定電力の差分をバッ
ファ電力としてパワーデカップリング回路で補償し，「入力電力（脈動電力）＋
バッファ電力＝出力電力（一定）」となるよう制御する。

　脈動電力の交流成分をバッファ電力として補償すればよく，電力脈動の補償
に必要な受動素子容量が低減できる。また，アクティブパワーデカップリング
技術は直流–交流変換回路側にも適用でき，太陽光発電向けの系統連系インバー
タ等にも利用されている [6]。

　アクティブパワーデカップリング方式の主な課題は，追加回路による電力変
換効率低下，回路構成の煩雑化，制御性能の悪化などが挙げられ，これらの課
題解決のため様々な回路方式が研究されている。

11.2　交流–交流直接変換（交流–交流変換）

　前節では交流から 1 度直流に変換し，再度交流にする間接的に交流–交流変換
を行う手法を説明した。本節では，交流電源から直接新たな周波数の交流を作
り出す，交流–交流直接変換について述べる。本書では交流–交流直接変換器の
中でも，近年注目が集まっているマトリックスコンバータを中心に紹介する。

11.2.1　マトリックスコンバータ

　直流を介した交流–交流間接変換器を用いることでも任意の大きさの電圧，周
波数の交流電圧を得ることができたが，直流部には大容量の電解コンデンサが
あり，大型化や短寿命化の原因になっていた。マトリックスコンバータでは，

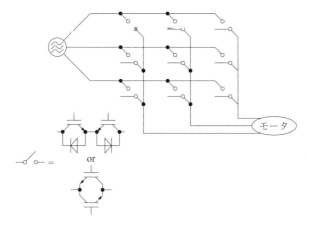

図 11–8　三相–三相マトリックスコンバータ

　直流を介さず任意の三相交流を交流–交流直接変換で得られる。三相–三相マトリックスコンバータの回路図を**図 11–8** に示す[7]。

　9 個のスイッチング素子が格子状に配置されていることからマトリックスという名前が付けられている。また，スイッチング素子には双方向スイッチが必要となり，一般的な IGBT とダイオードの組合わせを逆向きに直列接続したもの，もしくはリバース・ブロッキング IGBT（reverse blocking IGBT：RB-IGBT）を逆向きに並列接続したスイッチング素子を使用する。交流–交流間接変換器が電力変換を 2 度行っていたのに対し，交流–交流直接変換器では変換回数が 1 回で済むため，大容量コンデンサを使用しないことで小型化，長寿命化できるだけでなく，変換器効率も良くなる。サイクロコンバータとの違いは，

1) 使用しているスイッチング素子が自己消弧型であり，サイクロコンバータで使用されているサイリスタに比べ高速スイッチングが可能
2) 双方向に電流が流せる

という点である。これらの違いから，マトリックスコンバータでは系統電力から任意の周波数の交流電圧を得られるが，サイクロコンバータでは系統周波数

より充分低い十数 Hz の交流しか生成できない。サイリスタが使用できる条件
で駆動する場合には，図 11–8 の双方向スイッチを 18 個のサイリスタで置き換
えることで三相–三相サイクロコンバータを構成することもできる。

　電力系統が単相の場合にもマトリックスコンバータを構成でき，単相–三相マ
トリックスコンバータは**図 11–9** に示す回路となる。

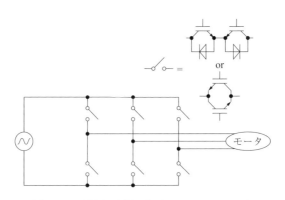

図 11–9　単相–三相マトリックスコンバータ

　スイッチング素子には同じく双方向スイッチを使用する必要がある。三相–
三相との大きな違いは，単相の場合には 11.1.2 節で述べたように電力脈動が生
じることである。綺麗な三相交流波形の場合には各相電力の総和は一定となり，
三相–三相マトリックスコンバータでは一定電力を入力から出力へ直送できる。
一方，単相–三相マトリックスコンバータには交流–交流間接変換器のように直
流部や大容量の電解コンデンサがないので，電源の脈動電力がそのまま負荷へ
供給され出力の三相交流は歪んだ波形となることが特徴である。三相–単相マト
リックスコンバータは図 11–9 の回路を回生動作させればよく，同様の回路構
成である。

　交流–交流間接変換器では入力電流波形を交流–直流変換器が，出力電流波形
を直流–交流変換器が制御すればよかったが，交流–交流直接変換器は入力と出
力を 1 つの変換器で制御しなければならず，制御手法が少々複雑になる。また，

電力系統が瞬時電圧低下したときの運転継続が難しいという課題もあるが，近年ではエアコンやエレベータ，バッテリー充電器など適用例も増え，今後の期待が高まっている。

11.2.2 電解コンデンサレスインバータ

前節で述べたマトリックスコンバータは，双方向スイッチを使用していることから電源への電力回生が可能であった。しかし，家庭用エアコン等では回生を行うメリットは少なく，回生機能を削り安価に構成できる交流–交流直接変換器が利用されている。単相–三相マトリックスコンバータから回生機能をなくした電解コンデンサレスインバータを**図 11–10** に示す[8]。

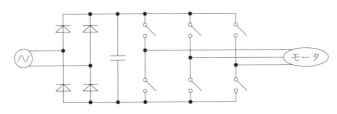

図 11–10 電解コンデンサレスインバータ

回路は一般的な単相ダイオードブリッジ整流器に双方向スイッチを用いない通常のインバータを組み合わせた構成となっているが，直流部のキャパシタには大容量の電解コンデンサではなく小容量のフィルムコンデンサが使用されている。キャパシタンスは，電解コンデンサを使用した場合の数千 μF に比べ，およそ 1/100 の数十 μF の容量となる。

交流–交流直接変換器であるため，交流–交流間接変換器とは異なり，入力と出力両方の電流をインバータ 1 つで制御し，電源の脈動電力もモータへそのまま供給する。脈動電力によりモータトルクが常に変動することから，これによる速度の変動が無視できるエアコンの室外機等に用途は限定されるが，キャパシタンスが下がりなおかつ PFC 回路が省けることから小型軽量化と低コスト化が実現できる。

演習問題

（1）PFC 回路が使用される理由を述べよ。

（2）マトリックスコンバータではどんなスイッチング素子を使用して構成するか。また，その理由について述べよ。

演習解答

（1）電源力率が低いと送電線に流れる電流量が増え，損失が増大する。また，電源電流高調波が増大すると電力品質が低下してしまう。これらを改善するために PFC 回路が使用される。

（2）電源と負荷間のエネルギーフローを双方向に制御できるようにするため，スイッチング素子には双方向スイッチが必要である。

引用・参考文献

1) 五十嵐 康雄, 高橋 勲：「スイッチング素子 1 個の単相スイッチング電源入力電流波形改善」, 電学論 D, Vol.117, No.8, pp.927–932, 1997.

2) 谷口 勝則：「力率改善昇圧形 DCM コンバータの特性解析と入力電流波形の改善法」, 電学論 D, Vol.121, No.3, pp.302–307, 2001.

3) P.-W. Lee, Y.-S. Lee, D. K. W. Cheng, and X.-C. Liu, "Steady-State Analysis of an Interleaved Boost Converter with Coupled Inductors," IEEE Trans. Ind. Electron., Vol.47, No.4, pp.787–795, Aug. 2000.

4) 山本 真義・堀井 浩幸：「トランスリンク方式単相インターリーブ PFC コンバータ」, 電学論 D, Vol.130, No.6, pp.828–829, 2010.

5) 大沼喜也・伊東淳一：「アクティブバッファを利用した降圧形高効率単相三相電力変換器の開発」, 電学論 D, Vol.130, No.4, pp.526–535, 2013.

6) 外山佳祐・清水敏久：「パワーデカップリング機能を持つ高効率単相系統連系インバータとその制御法」, 電学論 D, Vol.135, No.2, pp.147–154, 2015.

7) 高橋広樹・伊東淳一：「発電機トルク制御と系統無効電流制御を両立するマトリックスコンバータの FRT 制御法」, 電学論 D, Vol.136, No.1, pp.71–78, 2016.

8) 芳賀 仁・高橋 勲・大石 潔：「電解コンデンサレス高力率単相ダイオード整流回路を持つインバータによる IPM モータの一駆動法」, 電学論 D, Vol.124, No.5, pp.479–485, 2004.

12章　身近なパワーエレクトロニクス機器

　パワーエレクトロニクスは，電気・電子機器の電源技術や送配電における電力変換技術として利用されてきた。近年，太陽電池などの再生可能エネルギー源や電力貯蔵手段としての蓄電池が系統に連携され，パワーエレクトロニクスは高度な制御を伴う電力変換技術へと発展している。本章では，パワーエレクトロニクスがこれまで果たしてきた電源技術の他，分散型電源などの将来に向けた電力変換技術について学ぶ。

12.1　家電機器への応用

　電気エネルギーは，光エネルギー（照明），熱エネルギー（暖房，調理），運動エネルギー（電動機などの動力），化学エネルギー（電池），静電エネルギー（コピー機）など，様々なエネルギー形態に変換された後に利用される。本節では，家庭などで利用されている光エネルギーと熱エネルギーの分野での利用について述べる。

12.1.1　照明器具：蛍光灯（インバータ方式）

　蛍光灯は，図 12–1 の回路をもとに電源スイッチをオンにすると家庭用電源（50 Hz または 60 Hz）を直流に変換し，インバータにより 20～50 kHz の高周波に変換する。高周波交流を元にトランスにより高電圧を発生，フィラメント

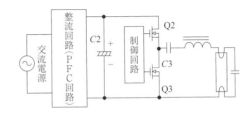

図 12–1　インバータ式蛍光灯回路 [1]

に印加する。高い電圧が引加されたフィラメントからは電子が飛び出し，蛍光
灯管内に微量含まれた水銀原子と衝突する。衝突された水銀原子は励起するこ
とで紫外線を放出する。この紫外線が蛍光灯管壁に塗られた蛍光物質にあたる
ことで，可視光が作り出される。

　蛍光灯は明るく，長寿命な照明であるものの，その発色から対象物の色の見
え方に影響を及ぼす。そのため，蛍光灯は徐々に LED に置き換えられている。

12.1.2　照明器具： LED 照明

　n 形半導体と p 形半導体の接触面（pn 接合）に順方向に電圧を印加すると，
接合部で電子と正孔（ホール）が再結合する。このとき，伝導帯と価電子帯の
バンドギャップ（禁制帯幅）に相当するエネルギーが光に変換，放射される。
LED （light-emitting diode）による光はバンドギャップの大きさによって，赤
外色，赤色，緑色，青色などに分類される。LED はパイロットランプなどで使
用されてきたが，近年では照明用光源としても用いられる。LED 照明は，小型，
軽量，長寿命でありながら，光量も大きい。また，照射範囲や光の発色なども
目的に沿ったものを選ぶことができる。

　LED 照明の駆動回路は大き
な電流を流し，光の明るさを
一定にするために定電流制御
が用いられる。また，照明と
しての光量や色温度を変化さ
せる方法として，**図 12–2** の
ように電流の導通時間比を制

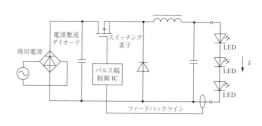

図 12–2　LED 照明の PWM 制御回路 [2]

御する PWM （パルス幅変調方式）制御回路が用いられる。

12.1.3　加熱調理器具：電磁調理器

　電磁調理器（induction heating：IH）は，**図 12–3** のように調理器具内に
コイルを装備している。家庭用電源をインバータにより 20〜50 kHz の高周波

の交流電圧に変換，コイルに印
加すると磁力線が発生する。磁
力線は鍋底を通るときに「うず
電流」を発生させる。発生した
うず電流は，鍋底の金属が抵抗
として働くことで，ジュール熱
を発生させる（誘導加熱）。

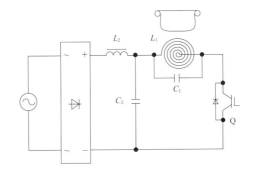

電磁調理器は電流から発生し
たジュール熱が熱源なので，火

図 12–3　電磁調理器の回路構成 3)

を使う調理器具と比べて火事の危険性は少ない。

12.1.4　加熱調理器具：電子レンジ

誘電体（被加熱物）に電圧を印加すると，電界により分極現象を起こし，電気
双極子が発生する。この電気双極子は，高周波電圧により反転を繰り返す。こ
の過程で周囲の分子と摩擦を起こし，熱エネルギーを発生させる（高周波誘電
加熱）。

電子レンジの回路は，図 12–4 のようにマグネトロンにより周波数 2.45 GHz
のマイクロ波を作り，装置内部に置かれた被加熱物を加熱調理する（マイクロ
波加熱）。

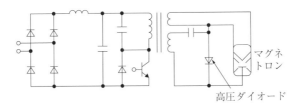

図 12–4　電子レンジの回路構成 4)

12.1.5　冷暖房器具：エアコン

エアコンは，室内機と室外機のそれぞれに熱交換器をもつ。それぞれの熱交換器の間は冷媒配管でつながり，冷媒ガス（代替フロン）が移動する。この冷媒ガスが液体と気体の間を変化するときに熱を吸収・放出することで，室内の温度を調節する。

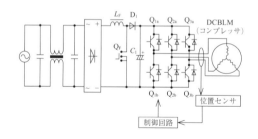

図 12–5　エアコンの回路構成 [1]

エアコンの回路は**図12–5**のようにコンプレッサー（圧縮機）に交流モータを内蔵し，室外機内で冷媒ガスを圧縮する。

　1980 年代まで使われていたインバータが搭載されないエアコンではセンサによって温度を検出し，交流モータをオン/オフ動作することで室内の温度を調節していた。現在は交流モータをインバータで制御することで，**図12–6**のように連続的に運転できるようになり，消費電力を減らすことができた他，冷暖房能力も向上した。

12.2　給電装置への応用

　ノートパソコンやスマートフォンなどの情報通信機器やシェーバーなどの電

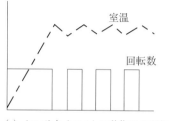

(a) センサとオン/オフ動作での運転

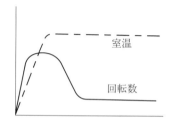

(b) インバータを登載した運転

図 12-6　エアコンの運転パターン [1]

子機器を構成する電子回路は，直流で動作する。こうした機器の多くは，数ワット〜数十ワットの電力を消費するため，給電装置は家庭用電源から直流に変換して，電力を供給する。また，給電装置には蓄電池を内蔵するものもある。家庭用電源の使えない場所や緊急時などには蓄電池から電力を供給することができる。

12.2.1 ACアダプタ

ACアダプタはノートパソコンやスマートフォンなどの直流で動作する電子機器への電力供給を目的として，家庭用電源を直流に変換する。直流で動作する電子機器の供給電圧は 3.3〜20 V 程度である。

ACアダプタの回路は，**図 12–7** のようにトランス方式とスイッチング方式に分けられる。トランス方式は交流を変圧器（トランス）で電圧を下げた後，整流回路で直流に変換する。この方式はトランスに鉄心が使われるので，重く，効率も劣る。近年では，あまり使われない。

スイッチング方式は，整流・平滑回路によって直流に変換した後，半導体素子の高速スイッチングによりパルス波の交流に変換，高周波トランスで降圧した後，整流・平滑回路で直流にする。スイッチング方式は数十 kHz〜数百 kHz の高周波を扱い，トランスは小型・軽量なものを使用することができるため，ACアダプタの小型化に寄与している。半導体素子のスイッチングには，PWM 方式が使われる。

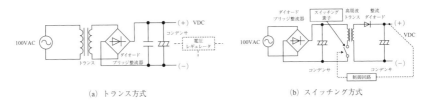

(a) トランス方式　　　　　(b) スイッチング方式

図 12–7　ACアダプタの回路方式[5]

12.2.2　無停電電源装置

　無停電電源装置（uninterruptible power supply：UPS）は，停電や瞬低（短時間の電圧低下）などのトラブルが発生したときに，装置の蓄電池に蓄えられた電気により，コンピュータやハブなどの負荷機器に電力を供給する。

　無停電電源装置は，**図 12–8** のように整流装置（充電器），蓄電池，インバータなどから構成される。通常運転時には，整流装置で直流に変換した電気で蓄電池を充電する。更に，直流をインバータで交流に変換し，負荷機器に送る。停電などの異常時には，蓄電池から放電，インバータで交流に変換した後に負荷に電気を供給する。

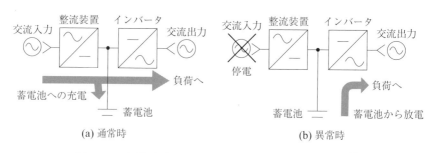

(a) 通常時　　　　　　　　　　　　(b) 異常時

図 12–8　無停電電源装置の通常運転時，異常時の動作[6]

12.2.3　非接触給電

　電気を使うためには壁のコンセントにプラグを差し込むというイメージがあるが，近年，台の上にスマートフォンなどを置くだけで充電できる装置が普及している。これは非接触給電と呼ばれる技術である。非接触給電にはいくつかの方式があるが，ここでは電磁誘導方式と呼ばれる方式を紹介する。

　図 12–9 では交流電源からスマートフォンなどのバッテリーに充電する装置を例にしている。電力を伝送するのは送信側と受信側の 2 つのコイルであり，両者は電気的には繋がっていない。まず受電した交流をコンバータとインバータによって数十 kHz〜数百 kHz の高周波に変換する。これを送信コイルに流す

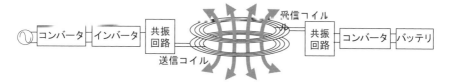

図 12-9　非接触給電の装置構成

とコイルの中に磁界が発生し，これが受信コイルに鎖交する。この結果受信コイルに起電力が発生し，これをコンバータで変換してバッテリーを充電する。

　図に示した方式ではコイルの前後には共振回路が設けられている。送信側のコイルとその共振回路で生じる共振が，受信側の共振回路と共鳴することで高効率な伝送が可能になる。

　コイルによって電力を伝える原理はトランスと同じであり，実際この装置の等価回路はトランスで記述できる。通常のトランスと異なるのはコイル同士が離れているため，結合係数が極めて低いことである。**図 12-10** に共振回路を含めた等価回路図を示す。

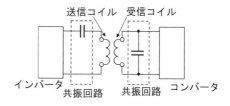

図 12-10　非接触給電の等価回路

　共振回路として送信側はコイルに直列に，受信側はコイルに並列にコンデンサが接続されているが，直列，並列の組合わせは色々な方式が用いられている。トランスの結合係数が低いので共振コンデンサは主にトランスの漏れインダクタンスと共振する。この回路の共振の制御が高効率な電力伝送のポイントとなる。

　非接触給電は電極接点を使わず空間を介して電力を送ることができ，単に利便性だけでなく，安全性，信頼性も向上する。このため家電はもちろんのこと，屋外や水周り，例えば駐車時の電気自動車への充電など，様々な場面での実用化が進められている。

12.3　再生可能エネルギーと系統連系

　従来，電力は火力発電所や水力発電所で作られ，送電線，変電所，電信柱を経由して工場や家庭に届けられるものであった。しかし近年ではこの電力の需給のあり方が大きく変化しようとしている。その立役者がパワーエレクトロニクスである。パワーエレクトロニクスとは，電力を色々な形に，高効率に変化させる技術であり，これを使うことで様々なものから電力を取り出して効率的に使うことが可能になる。

　更に近年では環境への配慮から，化石燃料を使わず温室効果ガスを排出しない，いわゆる再生可能エネルギーが注目を集め，その規模も急増している。ここでは代表的な再生可能エネルギーである太陽光発電において，どのようにパワーエレクトロニクスが使われているかを解説し，こうした技術が従来の電力供給をどのように変えていくかについて紹介する。

12.3.1　太陽光発電

　太陽電池とは太陽光を吸収して電気を出力する一種のダイオードである。その等価回路を図 12–11 に示す。左端の電流源 I_L は光照射によって生じる電流を表している。ダイオードは太陽電池の pn 接合に起因するものであり，R_s は内部直列抵抗である。図 12–12 は出力の電圧（負荷電圧）を変化さ

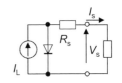

図 12–11　太陽電池の等価回路

せたときの出力電流および出力電力の一例を示す。太陽電池から取り出せる電力は，ダイオードの順方向電圧の閾値付近の電圧で動作させると最大となる（最大動作点）。

　太陽電池の単体のセルではこの電圧は 0.6 V 程度と小さいため，一般にはセルを多直列にして用いる。出力は直流なので，例えば一般家庭で利用するためには交流電圧に変換しなければならない。更に上記の理由で，光の照度が変化

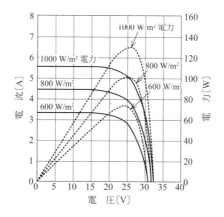

図 12-12 太陽電池モジュールの電流，電力-電圧特性 [15)]

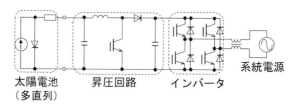

図 12-13 太陽光パワーコンディショナの主回路構成

したり，あるいは多直列になったパネルの一部が影に入って出力が落ちたりすると，最適な動作電圧は変化する。このような電力の制御と変換を行うのが太陽光パワーコンディショナである。

図 12–13 に家庭内で用いられる 200 V の単相交流を出力する太陽光パワーコンディショナの回路例を示す。初段の昇圧回路で太陽電池からの出力を昇圧して，インバータの PWM 制御で交流に変換した後，送電線からの電力線に接続する。これを系統連系と呼ぶ。

12.3.2 系統連系と分散型電源

他の再生可能エネルギーとしては，近年急速に規模が拡大している風力発電が挙げられる。風力発電は風の力で発電機を回して電力に変換するが，風の状

態は短時間で激しく変化するため，出力の変動が大きいことが課題である。太陽光にしても風力にしても，自然エネルギーを利用するため常に一定の出力が得られるものではない。その運用には，発電しないときの電力を補い，余計に発電したときの電力を消費するための方法が必要になる。そのために欠かせない技術が，系統連系と蓄電池による電力貯蔵である。

　例えば夜間など，太陽光発電の電力が足りない場合は，送電線から電力を供給する。逆に太陽光の電力が余った場合は，余剰分の電力は系統に返されることになる。つまり従来，電力は送電線から家庭へと一方向の流れだったのが，家庭から送電線へと電力が逆流するという状況が発生する。系統連系するということは，一般家庭が単なる電力の消費者ではなく，小規模な発電所になることを意味する。そのためには系統を乱さないように様々な配慮が必要になる。太陽光パワーコンディショナはそうした制御も行っている。

　蓄電池を利用して電力を蓄える回路は，図12–8に紹介した無停電電源装置と原理的に同じものである。蓄電池を使うことで，太陽光や風力などの変動の激しい発電装置の電力を，余っているときには蓄電池に充電し，足りないときは蓄電池の電力で補うことができる。結果として電力の需要側に常に一定の電力を安定して供給することができる。これを電力需要の負荷平準化と呼ぶ。

　大型の蓄電池は高価なので家庭用にはまだ普及していないが，一方で電気自動車は近年急速に普及が始まっている。電気自動車には大容量の蓄電池が積まれている。これを利用して，電気自動車が車庫に入っているときは家庭の電源系統と接続し，蓄電池を充電しつつ，非常時の電源として利用するという運用が期待されている。

　家に太陽光パネルがあり，車庫に電気自動車があり，それらが系統と連系されている。各々の家がそういった小さな発電所になることを想像してみよう。風力発電や大規模な太陽光設備もあるかもしれない。更に水素燃料電池やガスによるコジェネレーションなど，電力を生みだす様々な方法が開発されている。電力は発電所から送られてくるだけのものではなく，各需要家がそれぞれの目的に応じて様々な方法で発電しつつ，それらを系統で連系して，電力の平準化

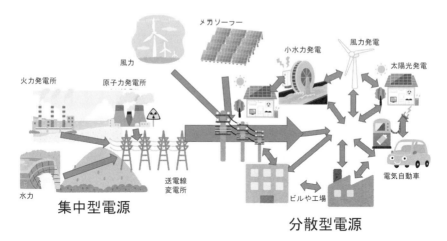

図 12-14 集中型電源と分散型電源

と安定性を実現する。各発電設備と需要家は情報ネットワークを介して需給を制御する。こうした考え方を，従来の大規模な発電所から送電する方式（集中型電源）に対して，分散型電源と呼ぶ（**図 12-14**）。

　遠くの発電所から送電線で電力を供給する場合，送電線による電力損失は避けられないし，どこか一か所で事故が発生したら下流の全ての町が停電する。需要家の近くで発電することで，電力送電による損失と停電のリスクは低減し，再生可能エネルギーを含めた様々な選択肢から目的に合った発電方式を選ぶことができる。更に電力変動などの欠点は分散型電源で補うことができる。こうした新しい電力需給の研究が進められている。

12.4　医療機器応用

12.4.1　X線照射装置用直流電源

　放射線の一種である X 線を人体に照射し，病変を探索する検査が行われており，レントゲン検査とも呼ばれる。X 線は**図 12-15** に示す X 線管に高電圧を印加することで得られる。陰極から放出された熱電子が陽極の原子核に引き寄

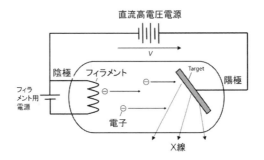

図 12–15　X 線管の模式図 [7]

せられて方向を変えるときに発生する制動 X 線と，陽極の原子の内側の電子軌道の電子をはじき飛ばし，この空いた電子軌道へ外側の電子軌道から電子が遷移することで発生する特性 X 線がある。X 線管で発生する X 線のほとんどが制動 X 線である。人体の周囲に多数の X 線検出器を設置し，人体を透過した X 線を多くの方向から計測し，コンピュータによる画像再構成計測をするものをX 線 CT（computed tomography）と呼ぶ。現在の医療用 X 線 CT では 80～150 kV の直流高電圧が X 線管に印加されており [8]，高電圧を発生させる直流電源の開発が必要となる。

　直流高電圧用電源として**図 12–16** に示すシステム構成が用いられる [7]。このシステムは商用電源を整流して直流に変換し，インバータにより出力した高周波の交流を高周波トランスとコッククロフト・ウォルトン回路 [9]（以下，CW回路）と呼ばれる整流器を用いて直流高電圧を発生させている。CW 回路の動作原理は文献 9) に譲るが，キャパシタとダイオードをはしご状に接続した単純な回路で入力電圧を大幅に昇圧して直流電圧を得ることができるため，高電圧を必要とする様々な電気機器に使われている。

12.4.2　加速器用直流電源

　放射線の医療応用は診断だけでなく，治療にも使われている。5 章で学習したようにパワーエレクトロニクス用半導体デバイスの進展は目覚ましい。本節で

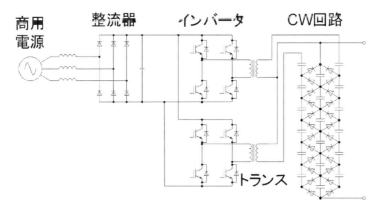

図 12–16　X 線照射装置用高電圧直流電源回路 [7]

は SiC パワーデバイスの超高電圧における高速動作を活かした応用について，医療用加速器電源への応用を例に学習する。

　がん治療法の 1 つとしてホウ素中性子捕捉療法（boron neutron capture therapy：BNCT）[10] が期待されている。BNCT はほう素と低速（熱）中性子の核反応によって放出されるヘリウム核とリチウム核によってがん細胞を死滅させるもので（**図 12–17**），がんに選択的に集積するほう素薬剤を投与することで，

正常細胞に影響を与えずに治療を行うことができる。中性子の発生に原子炉を用いた臨床研究が報告され，その効果が確認されている。また，大型の加速器を用いた中性子源で BNCT 治療を行う試みが進められている [11]。しかし，大型の施設のため，専用の放射線遮蔽設備を有する建屋が必要となり，コストの課題がある。一方，重水素に100〜400 kV で加速した重水素イオンを衝突させることで核融合反応を起こし，中性子を発生させる方法であれば，中性子源が

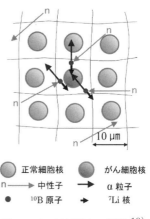

図 12–17　BNCT の原理 [10]

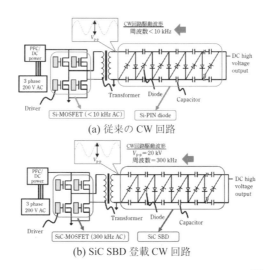

(a) 従来の CW 回路

(b) SiC SBD 登載 CW 回路

図 12-18　超高電圧直流電源に向けた CW 回路 [12)]

小型化される。一方，治療に必要な中性子線量を得るには 100～400 kV，100～
500 mA の超高電圧直流電源が要求される。

　超高電圧直流電源は Si PIN ダイオードを用いた CW 回路を用いるのが一般
的である（図 12-18）。CW 回路の入力である交流電圧の周波数を高くするこ
とで，キャパシタなどの周辺部品の小型化と高効率化が期待できる。しかし，Si
PIN ダイオードはスイッチングの際に大きなリカバリー電流が発生するため損
失が大きく，その発熱による損傷のため周波数は 10 kHz 以下で使われる。一
方，SiC SBD（Schottky barrier diode）を用いることで，300 kHz まで高周
波化し，電源サイズを 1/5 以下に小型化できると報告されている [12)]。この技
術は BNCT の普及に大きく貢献すると期待される。このように SiC パワーデ
バイスの超高電圧における高速スイッチング特性を活かすことで，既存デバイ
スの単なる置き換えにとどまらず，パワーエレクトロニクスにより新たな医療
技術を開拓することができる。

12.5 高効率化するコンバータ・インバータ

ここまで本章では，身近にある幅広いパワーエレクトロニクス技術が応用されている機器を説明してきた。先に述べたように我が国は，以前は省エネといってきたカーボンニュートラルに寄与できるパワーエレクトロニクス技術のレベルが高い。特に，コンバータやインバータの高効率化に関しては世界トップクラスである。その代表例がここで紹介する，3 レベルチョッパと折り返し回路の組合せによりスイッチング損失と導通損失のトレードオフを切り分けて設計されている HEECS （high efficiency energy conversion system）インバータ[13, 14] である。図 **12-19** に回路図，図 **12-20** に回路図中の V_{sw} と V_{ac} との波形および出力波形を示す。

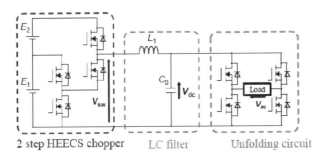

図 12-19　HEECS によるインバータ回路

現時点において，スイッチング素子に SiC や GaN を使用した本回路の最高電力変換効率は 99.8% 以上の計測値が確認されている。このときの電力はそれぞれ 1300 W や 1800 W であった。また，本回路により誘導機を動作させた回路図を図 **12-21**，出力波形を図 **12-22** に示す。これにより，比較的駆動効率が低い誘導機に対して LC フィルタ回路を具備せず駆動最大効率 99.52% を実測している。

このレベルの計測を実現するために重要となる計測精度は，損失分割法など

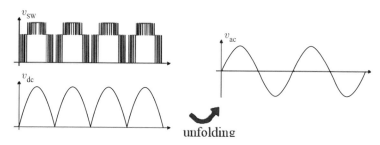

図 12–20　HEECS インバータ回路の各動作点波形と出力波形

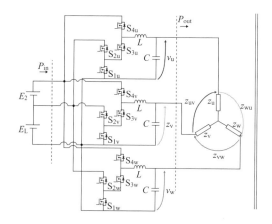

図 12–21　HEECS による三相インバータによるモータ駆動用回路図

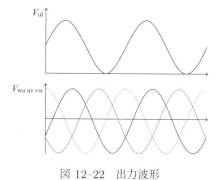

図 12–22　出力波形

の提案導入により，0.009%と0.004%となっている。これらの計測手法や計測機器の高度化も我が国のパワーエレクトロニクス技術の深化を支えている。

演 習 問 題

(1) 蛍光灯のインバータ回路には，LC共振型回路が使われる。LC共振型回路を用いる理由をあげよ。

(2) USB給電で動作する電子機器の増加に伴い，これまで使われてきたACアダプタ形のUSB充電器に代わって，電源タップに複数のUSB給電ポートが付属するものが普及している。ACアダプタ形のUSB充電器と比較して，そのメリットをあげよ。

(3) 太陽光発電で使われるパワーコンディショナは，直流／交流変換の他にも，以下に示した役割がある。それぞれの役割を調べてみよう。

(a) MPPT（最大電力点追従制御）

(b) 系統連系保護機能

実習；*Let's active learning!*

　直流機は，制御が交流機に比べて容易で，かつバッテリーなどの電池が利用できるため，歴史的にも古くから利用されてきた。直流機を使った電気自動車は，ガソリンエンジンの10年前には登場していた。電車も以前はほとんどが直流機で走っていた。トロッコ列車などもほとんどが直流機で，佐渡金山の展示や，乗り物博物館など，多くの展示で見ることができる。博物館などで，直流機がどこで，どのように使われていたかを調べてみよう。

演 習 解 答

(1) 例えば，以下のような理由があげられる。

・ 高い周波数が作りやすい。

・ 直列共振回路を用いると，高い電圧を作り出せる。

(2) 電源タップに複数の USB 給電ポートを付属することで，高周波トランスなどの電子部品を共有化できる。そのため，個別の AC アダプタ形充電器と比較して，全体の体積を小さくすることができる。

(3) （a）MPPT は，太陽光発電の発電量を最大化する機能である。太陽光発電は，日照時間や天候によって発電量を最大化する電圧や電流の組合わせが変化する。MPPT は，そうした環境の変化があっても発電量を最大化できるように電圧と電流を調整する。

（b）系統連系保護機能は，電力系統側に異常が発生したときにインバータを停止させることで，太陽光発電システムを保護する機能である。電力系統に異常が起こり，停電が発生したとする。このとき，太陽光発電で作った電力を電力系統側に送ると，事故につながることがある。そのため，系統連系保護機能により太陽光発電システムを電力系統から切り離す。

引用・参考文献

1) 神谷文夫：インバータとは何か，照明学会誌，Vol.87，No.12，pp.992–994，2003.

2) 鎌田征彦，他：LED 照明の省エネ点灯電源と調光技術，東芝レビュー，Vol.65，No.7，pp.16–19，2010.

3) 大森英樹，弘田泉生：パワーエレクトロニクスで変わる家電製品，電気学会論文誌 D，Vol.119，No.2，pp.127–132，1999.

4) 久保山貴博，渡島豪人：電子レンジ用高圧ダイオード，富士時報，Vol.74，No.2，pp.132–136，2001.

5) https://techweb.rohm.co.jp/product/power-ic/acdc/acdc-basic/12620/

6) 松崎薫：無停電電源システム実務読本，p.17，オーム社，2007.

7) Y. Kajiuchi and T. Noguchi："High-voltage power supply for x-ray computed tomography and time-delay compensation of Cockcroft-Walton circuit", Journal of Physics: Conference Series，Vol.1367 012052，2019.

8) 宮澤雅美, 山本輝夫：産業用 X 線 CT の技術の変遷—ゴマ粒より小さなチップ部品から乗用車丸ごとまでの検査に向けて—，電気学会誌，Vol.136，No.11，pp.755–758，2016.

9) 高木浩一，金沢誠司，猪原哲，上野崇寿，川崎敏之，高橋克幸：高電圧パルスパワー工学，理工図書，2018.

10) 古林徹：序文—BNCT の概要及び加速器 BNCT 治療システムへの移行—，RA-
    DIOISOTOPES, Vol.61, pp.1–12, 2015.

11) 田中浩基，宮本俊典，小野公二：世界初のサイクロトロンを用いた BNCT シス
    テムの実現，加速器，Vol.17, No.2, pp.81–85, 2020.

12) 中村孝：SiC パワーデバイスを用いた超高電圧機器開発とその医療応用，応用物
    理，Vol.90, No.12, pp.744–747, 2021.

13) 河村篤男：科学研究費助成事業 研究成果報告書 令和 4 年 5 月 9 日現在 課題番
    号 17H06147 研究課題名（和文）効率 99.9%級のエネルギー変換が拓く持続的発
    展可能グリーン社会の実現.

14) A. Kawamura et al："A Very High Efficiency Circuit Topology for a few kW
    Inverter based on Partial Power Conversion Principle", IEEE ECCE Sept.,
    2018.

15) 大野榮一，小山正人：パワーエレクトロニクス入門（改訂 5 版），オーム社，2015.

13章　パワーエレクトロニクス
による電動機制御

　世界の電力需要が大幅に増加していくなか，電力ロスの低減は重要な課題である。例えば，日本では産業用電動機が消費する電力は全電力の 60% 近くになるため [1)]，インバータによる電動機の省エネルギー運転が果たす役割は大きい。本章では，インバータによる電動機制御，輸送システムの電動化について学ぶ。

13.1　電動機制御

13.1.1　インバータによる電動機の省エネルギー運転

　8・9章で学習したインバータを電動機の回転速度制御に適用することで，省エネルギー効果が期待できる。本節ではその概要を学習する。電動機に関する詳細は電気機器の教科書 [2)] に譲るが，誘導電動機を例に話を進める。誘導電動機は交流電動機の 1 つであり，**図 13–1** に代表的な誘導電動機の写真と概略図を示す。固定子コイルに三相交流電流を流して回転磁界を形成し，回転子に誘導される電流と磁界が作る回転トルクによって回転子が回転する。回転磁界の速度（同期速度）と回転子の回転速度の差のことを "すべり" と呼ぶ。すべりがゼロの場合，回転子から見た回転磁界は時間的に変化のない直流磁界のように振る舞うため，誘導電流は流れず，回転トルクは発生しない。誘導電動機の回転速度は，

$$N = \frac{120f}{p} \times (1 - s) \quad [\text{rpm}] \tag{13.1}$$

で表される。ここで，N，f，p，s は回転速度，固定子コイルに流れる電流の周波数，固定子コイルの極数，すべりである。よって，インバータにより周波数を変化させることで，誘導電動機の回転速度を制御することが可能となる。

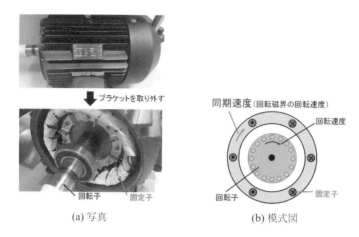

(a) 写真 (b) 模式図

図 13-1　三相誘導電動機

　誘導電動機の出力は，

$$P = \frac{2\pi}{60} \times N \times T \qquad [\text{W}] \tag{13.2}$$

で表される。ここで，P，T は出力 [W]，トルク [N·m] である。誘導電動機の負荷は，定出力負荷，定トルク負荷，低減トルク負荷の3つに大別される[3]。定出力負荷は工作機主軸駆動や巻取り装置等で使われるが，出力一定のため回転速度制御による省エネルギー効果は発生しない。定トルク負荷はコンベア，搬送台車，ラインのロール駆動など一般に摩擦による負荷である。回転速度に比例して出力が変化することから，回転速度を下げることで出力低減，つまり省エネルギー効果が得られる。低減トルク負荷はポンプによる送水や排水装置，ファンなどの遠心力を利用した装置の負荷である。この場合，トルクが回転速度の2乗に比例するため，出力は回転速度の3乗に比例する。よって，回転速度を下げることで大きな省エネルギー効果が得られる。このように，インバータによる省エネルギー効果は電動機の負荷によって変わることに注意が必要である。

　従来，ファンの風量やポンプの流量調整をする場合，空調に取り付けるダン

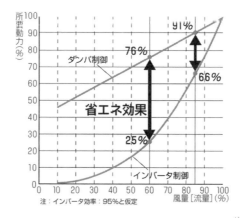

図 13-2　インバータによる省エネルギー効果 [4]

パ，流体や気体が流れる配管に接続するバルブなど，機械的な制御方式が採用
されていた。しかし，機械的に風量や流量を下げても電動機の回転速度はその
ままであり，使用電力そのものはほとんど変化しない。**図 13-2** は従来のダン
パ制御とインバータ制御の所要動力の比較を表している [4]。風量や流量が少な
い場合，特に省エネルギー効果が高くなることがわかる。このように高い省エ
ネルギー効果が得られるが，日本におけるインバータ付きの産業用電動機の普
及率は 10%程度と高くない [1]。近年，産業用電動機の省エネルギー基準に関す
る規制が導入されており，今後ますますインバータ駆動電動機の適用が拡大し
ていくと考えられる。

13.1.2　スイッチトリラクタンスモータ

　電動機を高効率で駆動することは，地球環境問題を解決するために重要な技
術である。一方，電動機そのものに使用する材料において希少金属などを必要
とせずに成立させる技術も地球環境問題へ貢献する技術である。現状その筆頭
技術は 40 年後に発明された誘導機（induction machine）であるが，パワエレ
技術の成熟により今後適用が進むと考えられるスイッチトリラクタンスモータ
（switched reluctance motor：SRM）[14] について説明する（**図 13-3**）。

(a) 固定子   (b) 回転子

図 13–3　スイッチトリラクタンスモータの概略図

　このモータの構造は，固定子・回転子ともに突極構造をしている。断面図を
図13–4に示す。これらは固定子6極，回転子4極（以下6/4と表記）で，三
相機の例である。巻線は固定子のみであり，この場合AとA'が対となる。こ
の電動機の回転原理は，電磁石が鉄を引き付ける力を回転力（トルク）とする
ことであり，具体的には，固定子突極の巻線に流れる電流が発生させる磁力が，
回転子鉄心を引き付け回転させる。従って，回転子は強磁性体，例えば鉄であ
ればよく，巻線も磁石も不要であるところが現在主流となっている電動機や発
電機と大きく異なる特徴である。SRMがどのように回転するかを説明する。図
13–4のように回転子位置をθで表すa層の固定子突極と回転子突極が対抗した
回転子位置を$\theta = 0$ [deg]，時計回りを正方向とする。回転子位置θが図13–4
に示す$\theta1$であったとする。このとき，固定子突極AおよびA'のa層巻線に電
流を流すと励磁するため図（b）の磁束が発生する。

　b相c相には通電しない。ここで回転子には磁気抵抗最少となるように力が
働き回転子の鉄に対する磁力となる。その力の回転子円周の接線方向分力がト
ルクとして作用し回転子が回る。これがリラクタンストルクである。図（c）の
位置まで回転すると固定子と回転子の突極が完全対抗し，接線方向分力はゼロ
となりトルクは生じない。この時点でa相電流をゼロにすると，巻線等にイン
ダクタンスがあるため実電流は直ちにゼロにはならず，完全対向位置を超えて
通過し負トルクを発生してしまい減速する。従って，実際には例えば$\theta = -10°$

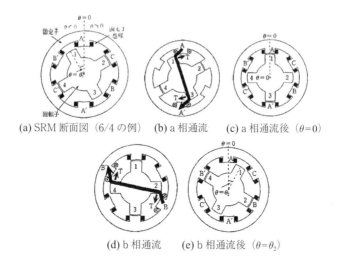

(a) SRM 断面図（6/4 の例）　(b) a 相通流　(c) a 相通流後（θ=0）

(d) b 相通流　(e) b 相通流後（θ=θ₂）

図 13–4　モータ SRM の動作説明図（回転子回転位置と固定子電流通電相を示す）

程度の位置で負電圧を印加して電流を減少させることにより，鎖交磁束を減少させてなくす方向の過程（消磁）をとる。次に図（d）に示すように b 相巻線の励磁を開始すると図（b）同様にトルクが発生する。その後図（e）に示す位置まで回転子が回転すると b 相を消磁し，c 相巻線を励磁する。これを繰り返すことにより回転子を回転し続ける。ここで，巻線 1 相当たりの発生トルク T は

$$T = \frac{1}{2}\frac{\partial L(\theta, i)}{\partial \theta}i^2 \tag{13.3}$$

となる。これは磁気回路が線形であると仮定している。

　次に，開発が加速しドライバに搭載されるパワエレ技術と鉄系磁性材の進化により最大効率 97% 以上，力率 80% 以上のものが報告されている同期シンクロナスリラクタンスモータ（SynRM）を説明する。これは回転子の突極性により界磁磁束を得る，すなわち，遅れ電流無効成分で磁束を発生させるモータである。図 13–5 に 2 極の場合に単純化して動作原理を示す。内部の回転子は鉄のみの成分で特定の周方向に突出した構造となる。この回転子に対し，固定子巻線の起磁力により磁束を発生させる。鉄の透磁率は空気の数百〜数千倍高い

性質のため固定子巻線から発生した磁束は回
転子の突極部に引き付けられ，その方向は図
中の破線矢印のように湾曲する。このとき
磁束の湾曲を解消しようとする力，Maxwell
応力が働き回転子突極部が固定子巻線に引
き付けられる，これがリラクタンストルク
である。突極性が強い回転子ほど磁束湾曲
が大きいためリラクタンストルクは大きく
なる。実際の一般的な回転子構造と磁束の
通り具合を**図 13–6**[15) に示す。

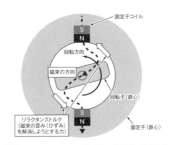

図 13–5　モータ SynRM の動作
説明（トルクと突極性の関係　2
極に単純化したモデル）[15)

　この SynRM は**図 13–7** に示す，誘導機や PM（永久磁石モータ）と同じ一
般的なシステムにより駆動可能である。

　このように，パワーエレクトロニクス技術の深化により様々な分野で優れた技
術が実現化している。更に最近のモータ技術を広く調査すると，様々な開発が
なされている。その中でも，モータの銅損を大幅に軽減する磁化反転モータ[16)

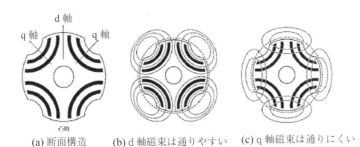

(a) 断面構造　　(b) d 軸磁束は通りやすい　(c) q 軸磁束は通りにくい

図 13-6　回転子の一般的な構造

　（a）は断面構造を示しており，黒色の部分は空気の層（空隙（くうげき））を，
その他はコアを示している．d 軸と q 軸を記述．（b）は d 軸を示しており，矢
束は回転子コア中をスムーズに移動ができる（すなわち磁束が通りやすい）向
きを示している．（c）は q 軸を示しており，磁束は空隙があることで進行を阻
まれ，通りにくい向きを示している．d 軸と q 軸は，電気角で 90° ずれている
ことがわかる．

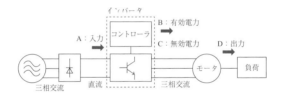

図 13-7　一般的なモータードライブシステム

の技術などが研究されており，ますますパワーエレクトロニクスと材料技術の発展が実現化のための重要なカギとなってきている。

13.2　輸送システム

　人々の生活を支えている物流や旅客を支えているものが輸送システムである。我々が安全で快適な生活を続けていくためには，生活に必要な物品を必要なときに必要な数量だけ適切に輸送される物流システムや目的の日時に最適な時間で快適に到達できる旅客システムの安定的整備と発展が不可欠となっている。地球環境下においては，自然災害，パンデミック災害，人的災害などに対するレジリエンシーが一層求められている。

13.2.1　自動車の電動化

　物流および旅客システムの双方の最終目的地へ運搬・移動して到達するためのツールとして，自動車がある。自動車は主にエンジンをもった四輪車を指すが，三輪や二輪も存在する。

　地球環境保護の観点より，主にガソリン，ディーゼル，天然ガスなど化石燃料を使用した内燃機関系のエンジンを搭載して動力を得る自動車においてその使用量を減少させることが注目される。内燃機関は，液体燃料を気化し機械的に加圧圧縮して高電圧を印加するプラグで引火しエンジン内部で燃焼させ，それを使用して動力を得る。そのための補機と呼ばれる数多くの部品が存在し，燃料が内含しているエネルギーから得ることができる駆動力のエネルギー効率は

50%を超えない。そのため，先に述べた電気を動力とする技術が急速に発展している。更には，原点回帰といえる電気のみを動力とする駆動技術と並行してハイブリッドといわれる駆動技術が日本を中心に世界的に普及を始めている。

図 13-8　電気自動車の概略構成 13)

電気自動車としては，図 **13-8** に示す通りの構成となっている。外部電源から電気エネルギーを内部にある蓄電池に充電し，その電気エネルギーをコントローラにて高効率でモータを駆動する。

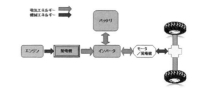

図 13-9　シリーズ方式概略図

ハイブリッド車の概略構成 15) を下記に示す。

一般にハイブリッドの構成には，シリーズ・ハイブリッド，パラレルハイブリッド，シリーズパラレルの 3 方式がある。シリーズ方式とは，図 **13-9**

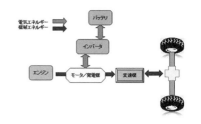

図 13-10　パラレル方式概略図

に示す通りエンジンは専ら発電機として機能し，駆動は全てモータが行う。

パラレル方式は，図 **13-10** に示す通りエンジン駆動が主体で，急加速等，よりパワーが必要な時にバッテリーからの電気でモータを駆動し補助する方式である。

シリーズ・パラレル複合方式とは，図 **13-11** に示す通りエンジンとモータを使い分け，動力アシストとモータ走行を同時に可能とした方式である。

ここでは，これらの中で最も複雑であるが高効率な駆動が可能となるシリーズパラレル方式を簡単に説明する。構成しているモータ，発電機，駆動回路，バッテリー（蓄電池）の概略回路図を図 **13-12** に示すとともに，その動作原理を表 **13-1** にて説明する。

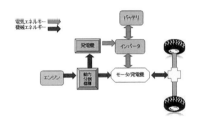

図 13–11 シリーズパラレル方式概略図

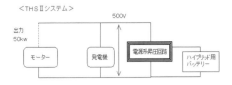

図 13–12 ハイブリッド概略回路図

　これらに使用されているパワーエレクトロニクス技術として，最新のパワーコントロールユニット（PCU）[16] の概略回路図を**図 13–13** に示す。蓄電池（ハイブリッド用バッテリー）の出力電圧 $V1$ を $V2$ へ昇圧し主機モータ（motor）を高電圧駆動している。回生エネルギーの回収効率を向上させることも電動化車両の特徴であるため，HV 車両では最適な蓄電池容量を選択したいところであるが，重量とコスト上やみくもに搭載できない制約もある。そのため，良好な走行特性と燃費を両立する昇圧システムが選択される。特に蓄電池容量が多いプラグインハイブリッド（PHV）には，**図 13–14** に図 13–13 の昇圧回路を出力の異なる 2 回路（C1 と C2）搭載[16] している。電圧は当初 200～300 Vdc であったが，世界的には 800 Vdc も採用され始め，パワー素子は SiC を用い高周波化（キャリア周波数 50 kHz 以上）した回路が用いられる。その効果として出力電力 0～25 kW における 400 Vdc 系と 800 Vdc 系モータとインバータとの組合せ効率を**図 13–15** に示す。この損失構成としてキャリア周波数 25 kHz 時の導通損失とスイッチング損失とを**図 13–16** に示す。スイッチングの電圧と電流の制御の高度化による更なる損失低減が進められている。

表 13-1　シリーズ・パラレル方式の動作原理 [19]

作動状態		作動状態	
発進時・低中速走行時 発進時や中速までの定常走行など，より広い運転条件においてエンジン効率の悪い領域はエンジンを停止し，モータのみで走行。		**減速時・制動時** 減速時・制動時は，車輪がモータを駆動し，モータを発電機として作動させ，車両の運動エネルギーをより多くの電力として回収する高効率回生ブレーキとして作用。回収した電力はバッテリに充電。	
通常走行時 エンジン動力は動力分割機構で2 経路に分割。一方は発電機を駆動して発電する経路で，この電力でモータを駆動。もう一方は，車輪を直接駆動。これらを効率最大となるように制御。		**バッテリー充電時** バッテリーは一定の充電状態を維持するよう制御し，充電量が少なくなると発電機を駆動して充電を開始。	
急加速時 急加速時は，バッテリーからも電力が供給され，エンジンの駆動力にモータ駆動力を加え，応答性が良くなめらかな動力性能を発揮し，加速性能を一段と向上。		車両停止時は，エンジンを自動的に停止。	動力伝達 ▬▬ 電力伝達 ══

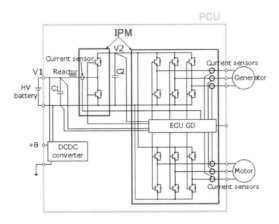

図 13–13　PCU 回路図

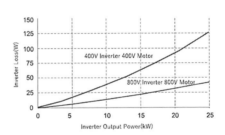

図 13–14　2 組の昇圧回路

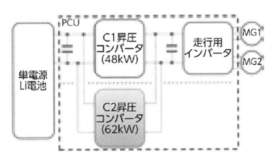

図 13–15　インバータ損失 1[20]

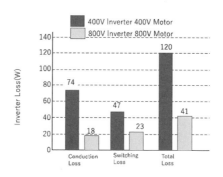

図 13–16　インバータ損失 2

13.2.2　電車，高速鉄道，船舶の電動化

　電動化が蒸気機関の置き換えとして発達した歴史的事実は 1 章にて説明したが，電車への電気供給は 19 世紀の実用当初は直流で行われていた。直流電動機は印加電圧を変化させることで可変速運転が可能であり，分圧抵抗をナイフスイッチ等で切り替えることで比較的簡単な搭載可能な方法が用いられていた。一方で，直流電動機には回転しながら接触し電流を流す整流子とブラシとがあり，これらの維持管理や定期的な交換が必要である。また，大きな課題は，フラッシュオーバという正負ブラシ間にアーク放電が生じ短絡される現象が発生する。主原因は，直流発電機特有の電機子反作用により部分的な過電圧ポイントが生じ火花が発生しブラシ間が短絡するためであり，過電流，部品劣化などにも影響される現象である。鉄道の場合には，走行環境による塵埃，車両の振動，衝撃なども影響するといわれている [17]。更に，制御の際には先に述べたナイフスイッチの接点の維持管理も必要であった。更に電気鉄道で使用する電動機の方式は大きな起動トルクを得られる直巻き電動機が主流であったため電気回生ブレーキが難しい。

　鉄道電車へ適用されているパワーエレクトロニクス技術の変遷を年代に伴う，制御，使用されている半導体素子および適用された鉄道名として図 13–17 [19] に示す。現在ではインバータ制御による誘導機を使用しており，標準的従来船直流電化区間電車に適用されている主回路を図 13–18 [19] に示す。このインバータ

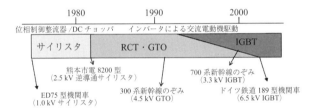

図 13–17　鉄道車両駆動におけるパワーエレクトロニクス技術の変遷

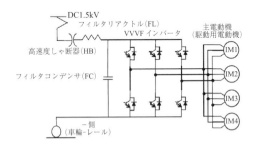

図 13–18　在来線（DC1.5 kV）用インバータ車の一般的な主回路構成

1 台において，出力電力 120 から 200 kW の誘導機を 4 台駆動する。鉄道用インバータの特徴は，1.5 kVdc の架線から電力の供給を移動しながら受けるシステムであるため，回路入力段に短絡事故電流制限とフィルタ機能を備えたフィルタリアクトル（FL），および入力電圧安定化とフィルタ機能を備えたコンデンサが LC 構成にて接続されている。この LC フィルタのカットオフ周波数は 18〜20 Hz である。電車運行時に用いられている周波数 25 から 30 Hz の重要な信号システムの電流が，インバータによる電動機駆動電流と同じ軌道レールを流れるため，この信号が影響を受けることのないように保護している。

　電車運行には速度制御が主たる機能であり，それに用いられる半導体素子のスイッチングパターン例を**図 13–19**[19]）に示す。これは，車両速度によるインバータ電圧とスイッチング周波数およびパルス変調方式を示している。左側の低速時には，1.0 kHz 以下の三角波キャリア周波数と，これと同期しない信号波である出力電圧指令値を比較する非同期多パルス PWM によって電圧・周波数を制御し，40〜50 km/h 以下の速度域において基本周期に 1 回，1 パルスだ

け出力する 1 パルスモードに移行する。非
同期 PWM から 1 パルスモードへ連続的な
電圧変化となるように過変調モードや同期
3 パルスモードなどが用いられる。この 1
パルスモード採用の目的は，スイッチング
回数低減による損失を減少させ，インバー
タ出力最大電圧を入力電圧 1.5 kVdc に対し
て，非同期多パルス PWM の約 950 から
1100 Vdc まで上げることによりインバータ
における電圧利用率を向上させるためであ
る。ちなみに，この 1 パルスモードは，前
節で説明したシリーズパラレルハイブリッ
ド方式に採用され実用化されており，鉄道
電車技術から展開されている基本的パワー
エレクトロニクス制御技術の 1 つである。

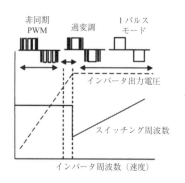

図 13-19　車両用インバータのス
イッチングパターンの
例

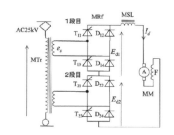

図 13-20　サイリスタを用いた位
相制御整流回路の主回
路原理図

　1980 年代になり新しい新幹線電車に，サ
イリスタ位相制御整流回路が適用されたこ
とにより，パワーエレクトロニクス技術の
適用が進んだ。原理回路図を**図 13-20** に示
す。この回路は，25 kVac を供給する架線に接続する回路となり，大きな課題は
発電ブレーキ方式という電気的ブレーキ制御にあり，架線には返せず大電力を
抵抗器にて消費することであった。その後，この課題を解決すべく，開発された
のが**図 13-21** に示す PWM コンバータに VVVF（variable voltage variable
frequency：可変電圧化変周波数方式）インバータを組み合わせたパワーエレク
トロニクス回路で誘導機を高速大電流で制御する技術である。この方式を採用
したことにより実現した制御は，架線からパンタグラフにより電力の供給を受
けるがその受電点において力率 1.0 制御を実現した。

　国内の一般鉄道の電化率は 2020 年時点では 60％ に達していない。その他は，

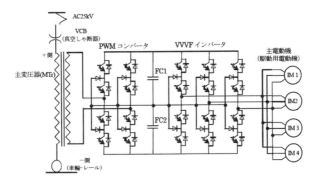

図 13–21 新幹線（AC2.5 kV）用インバータ車の一般的な主回路構成

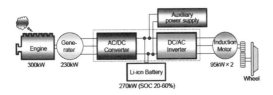

図 13–22 ディーゼル・バッテリーハイブリッド駆動システム主回路構成[5]

ディーゼルエンジン（D/E）が搭載された気動車となっている。そのため，排ガス抑制の見地より自動車分野にて開発されたディーゼル・バッテリーハイブリッド駆動システム[19]（**図 13–22**）の展開が始まっている。これは前節で説明したシリーズ・ハイブリッド方式が採用され，自動車同様リチウムイオン二次蓄電池を搭載している。更には，D/E を搭載しない EV 型の電車の開発も進められている。この電車は駅など架線がある線路区間で充電し，架線のない区間では蓄電池からの電力で走行するものである。

　この技術は，2020 年あたりより更に大型の運輸・旅客システムである船舶へも適用が始まっている。**図 13–23**[20]に従来のディーゼル推進船システム図を示す。メインエンジン（M/E）は主に D/E であり船内給電補機電源用 D/E とともに内燃機関が主力のシステムである。そのため，船舶は環境保護として，排ガス抑制と海水浄化との観点より電気推進船の技術（**図 13–24**[20]）に取り組ん

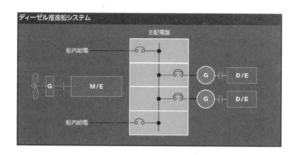

図 13-23　一般のディーゼル推進船システムの単結図概略

図 13-24　Zesst 水素燃料電池船

できている。更に，船舶は運搬・旅客システムでは最も長い期間移動を行うた
め人命維持の観点から，駆動システムや補機電力供給の安全性・確実性が高い
システムであることが求められる。そのため，従来の D/E の代わりに水素燃料
電池（PEFC）を主機や補機のメインエネルギー源とするリチウムイオン蓄電
池を搭載した水素燃料電池船開発も進められている。

　このように陸・海における運輸・旅客システムはパワーエレクトロニクス技
術なしでは成立しない，まさにパワーエレクトロニクス技術そのものであると
いえる。

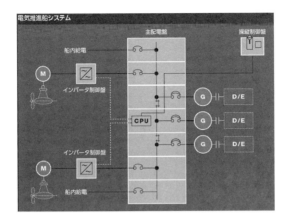

図 13-25　電気推進システム単結図概略

13.2.3　電動航空機

モビリティの電動化は自動車のみならず航空機まで拡大しつつある。航空分野からの CO_2 排出量は 2019 年に 10 億 t に達し，世界の CO_2 排出量の 2.8% を占める[5]。2021 年 10 月に国際航空運送協会（IATA）は航空分野で 2050 年に CO_2 排出ネットゼロを達成する "Fly Net Zero by 2050" を発表している。

現在就航している航空機で最も電動化が進んでいるのは Boeing 787 である。その電源システム概略構成図[5] を図 13-26 に示す。航空機内で使用される電力はアビオニクス（飛行のために使われる電子機器）や照明，エンターテイメントシステムなどであり，それらに電力を供給するために 3 種類の発電機が搭載

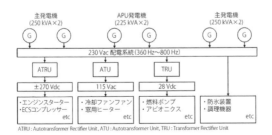

図 13-26　Boeing 787 電源システム概略図[5]

されている。航行中等に発電する主発電機はエンジンに組み込まれており，離陸前や着陸後のエンジン停止時には，機体後方にある APU（auxiliary power unit）と呼ばれるガスタービンから動力を得ている。Boeing 787 では大電力化に対応するために，発電機の電圧を 230 V と高電化している。AC230 V 系統から，変圧器やダイオード整流器などを用いて DC±270 V，AC115 V，DC28 V に変換され，各機器に電力を供給している。このような航空機装備品の電動化は MEA（more electric aircraft）技術と呼ばれ，省エネルギー化，整備性向上が期待される。

　一方，推進系の原動機として電動機を用いたもの，もしくはエンジンと電動機のハイブリッド方式を含めたものが電動化航空機と定義される[6]。**図 13–27 (a)** に示す全電動方式は推進ファンに電動機を直結させ，更にインバータとバッテリーを接続して電動機を駆動させる。ハイブリッド方式として，シリーズ・ハイブリッド方式（**図 13–27 (b)**）とパラレル・ハイブリッド方式（**図 13–27**

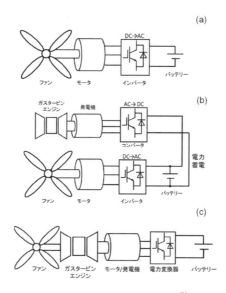

図 13-27　電動航空機方式[6]

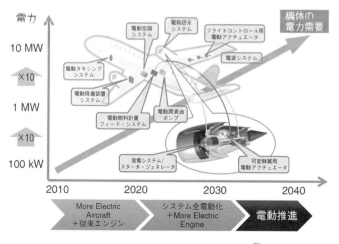

図 13–28　電動旅客機実現シナリオ [7]

(c)) がある。前者はエンジンを発電機に接続して発電した電力を1度バッテリーに蓄電し，その電力で電動機を駆動する。後者はエンジンと電動機の両方を推進に使用する。

　航空機といっても，空飛ぶクルマと称される小型機から大型旅客機まで様々である。小型のものとしては JAXA が出力 60 kW の電動機を搭載した飛行機（乗員1名）で国内初の有人実証試験を実施している [6]。出力数十 kW であれば電気自動車における電動機やインバータで対応できるレベルであるが，大型旅客機となると 1 MW もの出力が必要となる。その開発シナリオを図 13–28 に示す [7]。大型旅客機まで拡張していく課題の1つに大出力を実現する高電圧の高高度利用が挙げられる。新幹線が AC25 kV を使用しているのに対して，前述した Boeing 787 が使用する DC±270 V で同じ出力を得ようとすると大電流を流す必要がある。しかし，高高度では気圧が低く電気絶縁の確保が厳しいため，高電圧化にも限界がある。また，電動機および電力変換器などの軽量化も重要な課題である。更に，航空機特有の厳しい電磁適合性に対応できるノイズフィルタなどのパワーエレクトロニクスの技術革新が求められる。これらの技術開発について，JAXA の次世代航空イノベーションハブが代表を務める「航

空機電動化コンソーシアム（ÉCLAIR）」が産官学により組織されている [8]。このように電動航空機の実現にはパワーエレクトロニクスを中心とした電気工学の発展が大きな鍵を握っている。

引用・参考文献

1) 南川明：エレクトロニクス産業と半導体の転換期が来ている，応用物理，Vol.91，No.2，pp.104–108，2022.

2) 高木浩一，上田茂太，上野崇寿，郷冨夫，河野晋，三島裕樹，向川政治：電気機器，理工図書，2020.

3) 大竹啓三：インバータによる最新電動機駆動制御，電気設備学会誌，Vol.30，No.4，pp.283–286，2010.

4) 一般社団法人 日本電機工業会：「伸びゆくインバータ 2019～2020 年版」パンフレット，2019.

5) 藤澤俊暢，崎元謙一：船舶・航空機における配電システム，電気学会誌，Vol.142，No.12，pp.762–765，2022.

6) 大崎博之，寺尾悠：航空機のゼロエミッション化，国際交通安全学会誌，Vol.47，No.2，pp.42–51，2022.

7) 大依仁：次世代旅客機と電動化システムの実現に向けて，精密工学会誌，Vol.87，No.6，pp.505–508，2021.

8) JAXA「航空機電動化（ÉCLAIR）コンソーシアム」
https://www.aero.jaxa.jp/about/hub/eclair/

9) 古林徹：序文—BNCT の概要及び加速器 BNCT 治療システムへの移行—，RADIOISOTOPES，Vol.61，pp.1–12，2015.

10) 田中浩基，宮本俊典，小野公二：世界初のサイクロトロンを用いた BNCT システムの実現，加速器，Vol.17，No.2，pp.81–85，2020.

11) 高木浩一，金沢誠司，猪原哲，上野崇寿，川崎敏之，高橋克幸：高電圧パルスパワー工学，理工図書，2018.

12) 中村孝：SiC パワーデバイスを用いた超高電圧機器開発とその医療応用，応用物理，Vol.90，No.12，pp.744–747，2021.

13) 国立環境研究所
https://tenbou.nies.go.jp/science/description/detail.php?id=22

14) 内藤治夫：解説「スイッチトリラクタンスモータの課題と対策」，電気学会誌，128 巻 4 号，2008.

15) 竹内活徳，他：特集「高効率の同期リラクタンスモータ」東芝レビュー Vol.70 No.5，2015.

16) 鈴木憲史：注目モータの研究…永久磁石が不要なシンクロナスリラクタンスモータ，トランジスタ技術，215p，2023 年 3 月号.

17) 赤津観，真島誌穏：磁化反転モータに適用するステータ磁石の最適化，2022 年電気学会産業応用部門大会，講演 3–26，[III-176]

18) 一般社団法人次世代自動車振興センター
https://www.cev-pc.or.jp/kiso/hibrid1.html

19) トヨタ自動車
https://global.toyota/jp/detail/1666903

20) 出尾晋一，他：主機のパワーエレクトロニクスの現状，2022 年電気学会産業応用部門大学 4-S1-3，ppIV-7〜11，2022.

21) 野中賢一，他：小型ハイブリッド車両向け第 3 世代パワーコントロールユニット，ケーヒン技法，Vol8，pp88–99，2019.

22) 近藤圭一郎，他：鉄道車両駆動によけるパワーエレクトロニクス技術，エレクロトにクス実装学会誌，Vol.20 No.7，2017.

23) 西芝電機カタログ ZM92-15.01-300Ⓢ

索　引

編著

高木　浩一（たかき　こういち）（2章）
　　岩手大学　理工学部　電気電子通信コース　教授

南谷　靖史（みなみたに　やすし）（7章，9章）
　　山形大学大学院理工学研究科　准教授

著者

阿部　晃大（あべ　こうだい）（11章）
　　東京都立産業技術高等専門学校　准教授

石山　俊彦（いしやま　としひこ）（6章，12章）
　　八戸工業大学　工学部　工学科　教授

上野　崇寿（うえの　たかひさ）（5，10章）
　　大分工業高等専門学校　電気電子工学科　准教授

川合　勇輔（かわい　ゆうすけ）（6章，8章）
　　一関工業高等専門学校　未来創造工学科　電気・電子系　助教

菊池　祐介（きくち　ゆうすけ）（12章，13章）
　　兵庫県立大学大学院工学研究科　電気物性工学専攻　教授

民田　太一郎（たみだ　たいちろう）（3章，12章）
　　大阪電気通信大学　工学部　電気電子工学科　教授

真島　隆司（まじま　たかし）（1章，12章，13章）
　　元東京農工大非常勤講師

向川　政治（むかいがわ　せいじ）（4章）
　　岩手大学　理工学部　電気電子通信コース　教授

パワーエレクトロニクス—基礎から応用—

2024年1月28日　初版第1刷発行

検印省略

編　著　高木　浩一
　　　　南谷　靖史

著　者　阿部　晃大
　　　　石山　俊彦
　　　　上野　崇寿
　　　　川合　勇輔
　　　　菊池　祐介
　　　　民田太一郎
　　　　真島　隆司
　　　　向川　政治

発行者　柴山　斐呂子

〒102-0082　東京都千代田区一番町 27-2
電話 03（3230）0221（代表）
FAX03（3262）8247
振替口座　00180-3-36087番
http://www.rikohtosho.co.jp

発行所　理工図書株式会社

© 高木　浩一，南谷　靖史　2024
印刷・製本　藤原印刷株式会社

Printed in Japan　ISBN978-4-8446-0943-8

MEMO

MEMO

MEMO

MEMO

MEMO

MEMO

MEMO